爱上Arduino(第4版)

[美] 马西莫·班兹(Massimo Banzi)
迈克尔·希洛(Michael Shiloh) 著

程晨 译

U0381899

人民邮电出版社

北 京

图书在版编目（ＣＩＰ）数据

爱上Arduino / （美）马西莫·班兹
(Massimo Banzi) , （美）迈克尔·希洛
(Michael Shiloh) 著 ; 程晨译. -- 4版. -- 北京 ：人
民邮电出版社, 2023.8
ISBN 978-7-115-60467-5

Ⅰ. ①爱⋯ Ⅱ. ①马⋯ ②迈⋯ ③程⋯ Ⅲ. ①单片微
型计算机 Ⅳ. ①TP368.1

中国版本图书馆CIP数据核字(2022)第217811号

版权声明

© 2022 year of first publication of the translation Posts & Telecom Press Co. Ltd.
Authorized Simplified Chinese translation of the English edition of Getting Started with Arduino 4th
Edition(ISBN 9781680456936) © 2022 Massimo Banzi and Michael Shiloh. All rights reserved.
Published by Make Community, LLC.
This translation is published and sold by permission of O'Reilly Media, Inc., which owns or controls all
rights to sell the same.
本书英文版版权归Maker Media, Inc.所有，由Make Community, LLC于2022年出版。简体中文版通
过O'Reilly Media, Inc.授权给人民邮电出版社，于2022年出版发行。版权所有，未经书面许可，本
书的任何部分不得以任何形式复制。

内 容 提 要

本书为《爱上 Arduino》第 4 版，详细介绍了 Arduino 的原理和使用技巧，并在前一版图书的
基础上进行了知识革新，代码基于 IDE2.0 版完成，同时增加了新内容，包括：增加了 Arduino 云
服务和 Arduino ARM 系列内容，介绍了 Arduino AVR 和 ARM 系列之间的区别，并讲解了 ARM
系列的编程方式，以及通过 MQTT 协议进行网络通信的示例。本书作者是 Arduino 的创始人，因
此本书对 Arduino 的讲解更加深入、权威。书中不仅有清晰的概念解说，更有真实完整的实操步
骤及示例程序，十分适合初学者阅读。

◆ 著　　　　　　[美] 马西莫·班兹（Massimo Banzi）

　　　　　　　　[美] 迈克尔·希洛（Michael Shiloh）

　　译　　　　　程　晨

　　责任编辑　　周　璇

　　责任印制　　马振武

◆ 人民邮电出版社出版发行　　北京市丰台区成寿寺路 11 号

　　邮编　100164　　电子邮件　315@ptpress.com.cn

　　网址　https://www.ptpress.com.cn

　　北京虎彩文化传播有限公司印刷

◆ 开本：700×1000　1/16

　　印张：12.25　　　　　　　　2023 年 8 月第 4 版

　　字数：230 千字　　　　　　2025 年 1 月北京第 4 次印刷

　　著作权合同登记号　图字：01-2022-5037 号

定价：69.80 元

读者服务热线：(010)53913866　印装质量热线：(010)81055316
反盗版热线：(010)81055315
广告经营许可证：京东市监广登字 20170147 号

致谢

谨以此书献给 Ombretta。

——马西莫·班兹（Massimo Banzi）

本书献给我的父母和兄弟。

首先我要感谢马西莫邀请我参与本书的编写，并让我加入 Arduino 团队，能够参与这样一个项目让我感到十分高兴和自豪。

感谢 Brian Jepson 的指导、监督、鼓励和支持，感谢 Frank Teng 让我能够坚持到最后。还要感谢 Kim Cofer 和 Nicole Shelby 在本书编辑和排版工作中付出的努力。

感谢给予我高度评价的我的女儿 Yasmine，她一直鼓励我追求自己的兴趣，同时她认为她的父亲还挺酷的。本书的出版离不开她的支持。

最后，同样重要的，我还要由衷地感谢我的合作伙伴 Judy Aime' Castro，感谢她把我的插画手稿变成了精美的插图，同时对于书中的很多内容，她也耐心地和我讨论。同样，没有她的支持，我也不可能完成这本书。我还要感谢本书中文版译者程晨以及编辑周璇。

——迈克尔·希洛（Michael Shiloh）

致中国读者

向有兴趣了解 Arduino 的中国读者致意！

这项技术打开了创新之门，是创客世界中发挥创造力的重要工具。我很高兴能与大家分享我的知识。

在此我要感谢译者程晨、编辑周璇，以及出版团队所付出的辛苦，使本书能够呈现在中国读者面前。

——迈克尔·希洛（Michael Shiloh）

TO CHINESE READERS

译者序

很荣幸能够参与《爱上 Arduino（第 4 版）》的翻译工作。在我看来，翻译的过程也是一个学习的过程，这个过程让我真正地理解了 Arduino 所承载的理念和思想，也更深刻地体会到 Arduino 能够成为一个行业默认标准的原因。

可能在大多数人看来，Arduino 就是一块电路板。通过它，我们能够学习电子电路知识和编程的知识。但其实开发 Arduino 的人将其视为一种工具，既然是工具，就要越简单越好、越方便越好。Arduino 不是为了让你知道晶体振荡器、寄存器、数模转换等概念，也不是为了出现在考试中让大家比一比谁的分数更高，它就是为了告诉你电子交互、硬件控制其实没那么难，只要你有兴趣尝试一下，就会发现原来这些知识很容易在实践中掌握。

这几年，本人也以特聘讲师的身份在一些学校教大家如何使用 Arduino 完成创意电子作品。在教学过程中，我发现设计专业学生的作品往往能够让人眼前一亮，尽管技术不复杂，但想法和创意非常有意思。相比而言，理工类专业学生有一定的知识基础，学习 Arduino 应该没什么难度，但他们反而容易陷入具体的技术细节，会在作品中刻意增加许多复杂的模块，而忽略了作品最终所要表达的想法和含义。究其原因，应该追溯到 Arduino 设计的理念。Arduino 的使用目标其实是希望大家能够重创意、轻技术，对于创意的实现不会受到技术问题的羁绊。Arduino 自身不断地升级与完善，也是基于这样的一个目标进行的。

谈到本书的版本更新，《爱上 Arduino（第 2 版）》是因为 Arduino IDE 1.0 版本的推出，迭代了相关技术知识。这个版本的 IDE 对于 Arduino 的发展来说无疑是有里程碑式意义的。《爱上 Arduino（第 3 版）》是为了将 Arduino 家族中的重要一员 Leonardo 加入书中。而随着开源硬件领域的快速发展，本次出版的《爱上 Arduino（第 4 版）》更新的内容则更多。

首先，第 4 版中的代码基于 IDE 2.0 版完成，这又是 Arduino IDE 的一次重大的更新。

其次，由于 Leonardo 的应用没有预想中的那么普及，因此 Leonardo 的章节被替换成了最新的 Arduino 云服务的章节。

最后是新增了两章，分别介绍了功能更强大的 32 位 ARM 系列 Arduino 控制板，以及 Arduino Create 在线集成开发环境，同时基于在线集成开发环境，还实现了一个基于网络的新项目。通过这个项目，大家可以了解如何系统性地完成一个具有网络功能、带有研发性质的作品。

总之，《爱上 Arduino（第 4 版）》不但阐述了 Arduino 的理念和思想，而且在内容的编排上更加系统化。真心希望本书能够给大家的交互作品创作带来帮助。

最后，要感谢人民邮电出版社的编辑在出版过程中付出的努力。

——程晨

第 4 版前言

随着开源硬件领域的快速发展，Massimo 和 Michael 非常高兴能够将其中的许多变化加入《爱上 Arduino（第 4 版）》当中。

这一版新增了两章：第 9 章介绍了功能更强大的 32 位 ARM 系列 Arduino 控制板，第 10 章介绍了 Arduino Create 在线集成开发环境，以及一个新项目：网络"碰拳礼"。

除这两章新内容之外，本书还包含以下更新。

- 第 4 版中的代码基于 IDE 2.0 版完成。
- 现在 IDE 的安装更容易了，本书包含了基于 Linux 系统的说明。
- 附录包括了所有 Arduino 系列的介绍，以及选型指南。
- Leonardo 的章节被替换成了最新的 Arduino 云服务的章节，包括 IoT Cloud（物联网云）和 Project Hub（项目池）。
- 为了尊重所有人，我们对命名法进行了更改：
  —— SPI 信号名现在遵循 Open Source Hardware Association 网站上的开源硬件决议；
  —— 接插件类型现在是插针或插排。

为了保持原文的思想，本书代码及注释完全采用英式拼写。

这些版本中更改了部分插图并添加了新插图。作者要感谢在第 1 版和第 2 版中绘制插图的 Elisa Canducci 所做的贡献，也要感谢在第 3 版中添加了许多新插图，并在这次又修改了部分插图的 Judy Aime' Castro。

——Michael Shiloh

前言

几年前我接受了一项非常有趣的挑战任务：教设计师们一些最基本的电子入门知识，然后让他们为自己的设计构建互动原型。

我下意识地根据我当年上学时老师教书的方式开始教他们电子电路知识。不久之后我就发现，教学效果并没有我希望的那么好。我开始回忆起我上学那会儿，坐在教室里感觉糟透了，所有理论劈头盖脸向我涌来，但没有机会实际动手去操作。

实际上，我在入学之前已经通过自己实验的方式学到了很多电子电路的知识——虽然只有非常少的理论，却积累了很多动手的经验。

我开始思索我学到那些知识的过程。

- 我把能找到的电子设备拆了。
- 我慢慢地学习认识那些电子元器件。
- 我开始调试它们，改变一些内部连接，看它们会发生什么变化：通常不是爆炸就是冒烟。
- 我开始搭建一些电子类杂志销售的小套件。
- 我组合那些我改装过的设备、套件及其他的电路，让它们变成具有新用途的东西。

作为一个小孩，我对于探索事物如何运作非常着迷。因此，我常拆它们。这种热情越来越高，我逐渐把目标定在那些家中闲置的东西，把它们拆成很小的部件。最后人们纷纷把自家东西拿来给我拆。当时我最感兴趣的是一台洗碗机和从一家保险公司拿来的旧计算机，计算机附带一个巨型打印机，还有电子卡片、磁卡读卡器和一些其他零件，要彻底拆开也是一项巨大的挑战。

拆过很多东西以后，我基本知道了电子元器件是什么和它们的大体作用。加之我爸爸可能从 20 世纪 70 年代初就开始购买电子类杂志，堆在家里到处都是，我每天都会花几个小时去阅读上面的电路图，尽管似懂非懂。

一遍又一遍地读文章，又常常拆各种东西，这两者渐渐形成了良性循环。有一年的圣诞节，我在学习中产生了一个巨大的飞跃。这一天爸爸送我一个帮助青少年学习电子元器件的工具箱，每一个元器件都装在带磁性的小方盒子里，能够与其他盒子靠磁性连接，顶端标着各自的电子符号。我当时不知道这是德国的标志性产品，也不知道它是由设计大师 Dieter Rams 在 20 世纪 60 年代设计的。

有了这套新工具，我很快学会了怎么组装电路并测试它们，搭建电路需要的时间也越来越短了。

之后我自己制作了收音机、扩音器，有的电路能够发出巨大的噪声，也能播放出美妙的音乐，我还设计了雨天感应器、小机器人。

很久以来我都想找到一个英语单词来形容这种工作方式：没有特别的目的，从一个模糊的想法开始，得到一个完全意外的结果。后来我发现了"tinkering"这个词，我注意到这个词在很多其他领域都被用来描述某种操作方式，也用来描述那些探索的人们。例如，形成"新浪潮"的那一代法国导演就被人们称为 tinkerers。我找到的 tinkering 的最佳定义是在旧金山的探索展馆的一次展览中。

> Tinkering 就是你开始做一件不怎么确定的事情的过程。只由灵感、创意、想象力和好奇心指引着，没有操作规则，也就没有失败，没有正确和错误。整个过程都是在观察事物的情况并不断地修整它们。
>
> 新发明、小装置，让各种风马牛不相及的东西和谐地工作，这就是 tinkering。
>
> 从最根本上来说，tinkering 就是探索和娱乐的结合。

我从早年的实验中明白了能够用最基本的元器件设计一个电路，让它按你的想法工作，需要积累多少经验。

我在 14 岁那年迎来了另一个突破。在伦敦，我和父母一同参观了科学博物馆。那里新开了一个侧厅，展示计算机相关的展品。在按照说明完成了一系列实验后，我大概了解了二进制数学和编程的基础知识。

在那里我明白了工程师已经不再用基础元器件设计电路，而是使用微控制器和微处理器在很多产品中添加智能。软件为电子设计节约了大量时间，也使得 tinkering 的过程周期越来越短。

回来后我就开始攒钱，因为我想买台计算机学习编程。

我的第一个也是最重要的项目就是用我那台崭新的 ZX81 计算机控制一台焊

接机。我知道这听上去没什么创意，但是因为当时有这个需求，而且我刚刚学习编程，这对我来说也着实是个挑战。这时我明白了写代码比改动复杂的电路要方便得多。

20 多年过去了，我觉得这种经历可以让我教会那些都不记得自己上过数学课的人，让他们把热情融入 tinkering 的过程中去，就像我少年时和那以后一直保持的热情一样。

——Massimo Banzi

本书使用方法

本书的体例

以下是本书中需要注意的字体与图标。

代码体
用于程序区和段落中的代码元素，比如变量、函数名、数据库、数据类型、环境变量、语句和关键字。

加粗代码体
显示应该由用户输入的命令或其他文本。

斜体代码体
显示应该根据用户自己的情况或根据上下文的情况替换的文本。

 这个图标意味着提示、建议或通常要注意的内容。

 这个图标表示危险或警告。

使用示例代码

本书的作用是帮助你更好地完成工作。通常情况下，你不需要我们的许可就能够在你的项目和文档中使用本书中的代码，除非你复制了代码中的重要部分。举例来说，复制本书中的几段代码用在你的程序中不需要许可，销售或发行一个包含书中例子的光盘需要许可；引用书中的内容或示例代码来回答一些问题不需要许可，将本书中的大量示例代码放在你的产品文档中需要许可。

我们希望但不强制你标明参考出处，参考出处一般包含标题、作者、出版社以及 ISBN 号，比如："*Getting Started With Arduino, Fourth Edition*, by Massimo Banzi and Michael Shiloh (Maker Community LLC). Copyright 2022 Massimo Banzi and Michael Shiloh, 978-1-6804-5693-6。"

如果你觉得你对示例代码的使用超过了授权允许的范围，请随时联系我们：books@make.co

O'Reilly 在线学习

 40 多年来，O'Reilly Media 提供知识、技术和业务培训以帮助公司取得成功。

由我们的专家和创新者构成的网络可以通过图书、文章和在线学习平台分享他们的知识和专业经验。O'Reilly 的在线学习平台让你可以按需访问培训直播课、深入学习路径、交互式编码环境，以及来自包括 O'Reilly 在内的 200 多家出版社的大量文本和视频。想了解更多信息，请访问 O'Reilly 官方网站。

如何联系我们

欢迎提出关于本书的任何意见和问题。

"Make:"社群是一个不断壮大的全球创客组织，他们正在塑造教育的未来并推动创新民主化。通过 *Make:* 杂志和 200 多场年度 Maker Faires、*Make:* 书籍等，我们分享了创客的技能和故事，并在学校、图书馆和家庭中推广创客实践活动。

要了解有关 Make: 的更多信息，请访问 Make: 网站。

我们有一个套件能够实现大部分的例子（花园灌溉系统项目和网络"碰拳礼"除外），这个套件可以在 Maker Shed 网站上找到（Maker Shed 网站上的"爱上 Arduino 套件"SKU J2121121）。该套件已经售出超过 10 000 套！

书中部分例程可在本书的 GitHub 网页上下载（在 GitHub 网站上搜索 Make-Magazine，找到 make-books 目录下的 start_arduino_4e 即可下载）。

有关 Arduino 的更多信息，包括论坛和进阶的文档，请参见 Arduino 网站。

对于本书技术问题的疑问和评论，可以发邮件到 books@make.co。

目录

1 Arduino 介绍

Arduino 是一个开源的物理计算平台，非常适合制作独立的或与网络连接的电子交互作品。Arduino 专为艺术家、设计师及其他希望在设计中融入物理计算的人而设计，而制作交互作品时你不需要先成为一名电子工程师。后来它成为数百万想要使用数字技术进行创新的人的首选平台。

Arduino 的软件和硬件都是开源的，开源思想培养了一个乐于分享的社区。常常参与在附近的活动以及长时间在线问答对于初学者来说是非常有帮助的，对于不同的技能水平，会有一系列令人眼花缭乱的主题。社区里的项目并不仅仅是展示最终完成的照片，而是包含了项目制作的过程，或者会说明是以一个相关的项目作为开始衍生而来的。

Arduino 的软件，就是通常所说的集成开发环境（Integrated Development Environment，IDE），也是免费开源的。你能够从 Arduino 网站下载到 Arduino IDE，它基于 Processing 语言，是为了帮助艺术家在不成为软件工程师的条件下创造计算机艺术而开发的语言。Arduino IDE 能够在 Windows、Mac 和 Linux 系统中运行。

Arduino Uno 板非常便宜（约 23 美元），且对于新手常犯的错误具有相当好的容错性。如果你不小心损坏了 Arduino Uno 上的主要元器件，只需要 4 美元就能修好它。

Arduino 是在教育环境下开发出来的，是一个非常受欢迎的教学工具。社区乐于分享的开源思想同样也在分享教学方法、课程和其他信息。

因为 Arduino 的软件和硬件都是开源的，你能够下载到 Arduino 的硬件设计，然后自己制作一个，或是用它作为你自己项目的基础，基于 Arduino（或在 Arduino 基础之上）进行设计，或者简单地了解 Arduino 是怎么工作的。对于软件你也能做同样的事情。

设计 Arduino 的出发点就是简单易用，而本书的目的则是帮助没有任何开发经验的初学者开始使用 Arduino。

1.1 目标受众

这本书为初学者而写，初学者是指那些在没有任何技术背景的情况下想要学习使用电子和编程进行创作的人。因此，本书的描述方式可能会让一些工程师觉得不可思议。实际上，这一章的第一稿被其中的一位工程师称为"皮毛"，这个名词非常到位。实际情况是：大多数工程师都无法向其他工程师解释自己要干什么，更不要说是普通人了。现在让我们来仔细看看这些"皮毛"。

本书并不是传统意义上的电子或编程类的教科书，不过在阅读本书时你将学到一些关于电子或编程的知识。

在 Arduino 开始流行以后，我看到很多研究人员、爱好者及黑客开始利用它创作美丽和疯狂的项目。我意识到你有权利成为艺术家和设计师，所以本书非常适合你。

——Massimo

 Arduino 的基础是 Hernando Barragan 开发的 Wiring 框架，当时 Hernando Barragan 在伊夫雷亚交互设计研究所（Interaction Design Institute Ivrea，IDII）工作，是 Casey Reas 和 Massimo 的学生。

1.2　什么是交互设计

Arduino 是为了交互设计的教学而诞生的，它是把原型设计能力作为主要学习目标的设计学科。交互设计的定义有很多，不过我们觉得最适合的是：

交互设计就是设计交互体验。

在如今的世界中，交互设计体现了人与物体之间的富含深意的交互性创作，这是探索我们与科技之间创作之美的一个很好的方式，不过有的创作也可能有些争议。交互设计鼓励在设计过程中通过不断的基于原型的迭代来增加真实度。这种方法（也是一些常规设计的一部分）能够扩展到科技类的原型设计，特别是电子产品的原型设计。

在交互设计中，Arduino 涉及的具体领域常被称为物理计算（physical computing）或物理交互设计（Physical Interaction Design）。

1.3　什么是物理计算

物理计算是利用电子元器件制作新的、创新的作品原型，这涉及与人进行交互的物理对象的设计，需要使用传感器和执行器，以及连接两者进行控制的微控制器（一个小计算机或一个芯片），微控制器中有程序软件运行。

在过去，使用电子元器件意味着需要找一个专门的工程师，然后用很多小元器件组装成一个电路；这些问题让有创意的人始终无法进入电子领域，大多数工具都是针对工程师的，这需要许多的专业知识。

近年来，微控制器变得越来越便宜，使用起来也越来越简单。同时，计算机也变得越来越快，性能越来越好，这就允许我们创造更好（也更容易使用）的开发工具。

现在的进展是我们利用 Arduino 让这些工具离新手更近，允许人们仅仅利用两三天的时间或通过对本书的学习就能制作一个作品。通过 Arduino，初学者能够非常快地了解电子元器件和传感器的基础知识，然后用很少的投入进行原型搭建。

2 Arduino 理念

Arduino 的理念就是动手设计制作，不断追求更快更有效的方法来制作原型，而不要只是空谈。我们已经利用双手发现了很多原型制作的技术，以及不同的思维开发方式。

典型的工程思维遵循一个严格的从 A 到 B 的流程，使用 Arduino 的乐趣在于有可能会迷路而到达 C。

这是一个不断调整的过程，我们很喜欢这种开放的形式，最后总能出乎你的意料。在探索制作更好原型的过程中，我们会选择一些能够衔接软硬件操作流程的软件包。

接下来的几个章节会介绍 Arduino 理念延伸出的一些想法、事件和先驱。

2.1 原型

原型是 Arduino 理念的核心：制作和搭建一个能够和其他物体、人及网络交互的东西。努力用最便宜的方式找到一个更加简单和快速的原型制作方式。

很多初学者第一次接触电子的时候都认为他们要从零开始学习所有的内容。我觉得这是在浪费精力，你需要确认你要做的是什么并尽快地开动起来，这样就能够激励自己进行下一步工作，甚至鼓励别人为你筹钱来继续往下进行。

这就是为什么我们强调基于改造的原型开发：当我们能够采用现成的设备，通过改造让这些大公司和优秀的工程师制作的东西为我们所用的时候，为什么要花费时间和精力从头开始呢？这个过程需要时间和对技术知识的深入学习。

2.2 改造

我们相信这是技术研究、探索软硬件不同可能性的本质，不过有时并没有非常明确的目标。

重复使用现有的电子元器件是改造最好的方式之一。对廉价的玩具或废旧的设备进行改造，让它们完成一些新的任务是获得巨大成果的最好方式。

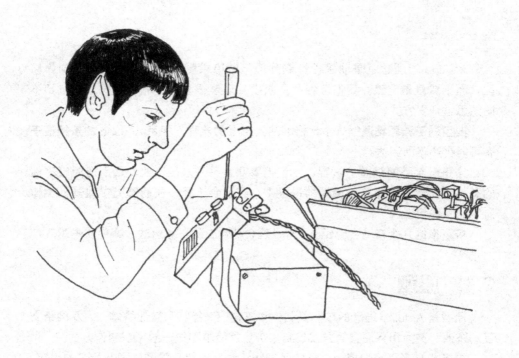

2.3　我爱废品

最近几年人们扔掉了很多科技产品：旧打印机、计算机、各种办公设备、技术仪器等。对于这些过时的技术一直都有一个巨大的市场，特别是对于那些年轻的、不太富裕的黑客及初学者来说。在我们开发 Arduino 的伊夫雷亚，这个市场十分明显。这个城市曾经是 Olivetti 公司的总部，在 20 世纪 60 年代他们在这里制造计算机，到了 20 世纪 90 年代，他们把所有的计算机零件、电子元器件及各种电子设备都扔到了这个区域的废品站。我们在那里花了很长时间，以极低的价格买了很多各式各样的设备用来改造和制作原型。当你用很少的钱买来了成百上千个扬声器的时候，最终你一定会想出一些好点子来利用它们。收集废品，然后可以通过它们从头开始制作一些东西。

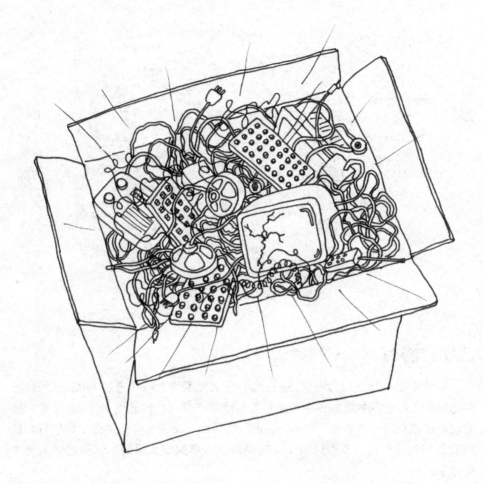

2.4　改装玩具

　　玩具是改装和重复使用廉价电子元器件的绝佳来源。随着成千上万的廉价高科技玩具的涌入，你能够利用几只会发出声音的猫和一对光剑快速地实现你的想法。

　　这些事我已经做了好几年了，我想让我的学生知道技术并不可怕，也不难实现。由 Usman Haque 和 Adam Somlai-Fischer 编写的小册子《低技术的传感器和执行器》（*Low Tech Sensors and Actuators*）是我最喜欢的资料之一，我也一直在使用。他们在这本书中很好地诠释了这些技术。

　　　　　　　　　　　　　　　　　　　　　　　　——Massimo

2.5　协作

　　使用者之间相互协作是 Arduino 世界的关键原则之一，通过 Arduino 网站上的论坛，来自世界各地的使用者能够互相协助来学习如何使用 Arduino 平台。同时我们还建立了一个叫作"Project Hub"的网站，让使用者记录自己的项目，这些项目都是开放的。看到这么多人在网络上分享知识和经验，这种感觉真是太神奇了。

3 Arduino平台

Arduino 包含两个主要部分：硬件部分的 Arduino 控制板，它是你制作电子作品时需要的硬件对象；软件部分的 Arduino 开发环境，或是 IDE，这个软件要运行在你的计算机上。你要使用这个 IDE 来创建你的程序，然后烧写（上传）在 Arduino 控制板里，程序会告诉控制板要做什么。

在不久之前，和硬件打交道意味着要从零开始设计电路，要使用很多不同的有着奇怪名字的元器件，比如电阻、电容、电感、三极管等。每个电路都针对特定的应用来布线，如果要修改功能，需要你切断原有的连线，然后把新的连线焊上，没准还要做更多的工作。

随着数字技术和微处理器的出现，这些曾经需要电路来实现的功能大多数被软件所取代。软件比硬件更容易修改，只需敲几下键盘，你就可以从根本上改变设备的逻辑，还能尝试两三个不同的版本，而这只花费了你焊接几个电阻的时间。

3.1 Arduino硬件

Arduino 控制板是一个小的微控制器板，这是一个包含了微型芯片（微控制器）的小电路（整个板子），而这个芯片相当于一台微型计算机。

> 这个微型计算机比我现在正用的这台 MacBook 性能弱了至少 1000 倍，但是它非常便宜，而且对于制作有意思的设备来说非常有用。
>
> ——Massimo

来看看 Arduino Uno 的中间，你能看到一个有 28 个引脚的黑色塑料长条（如果是 SMD 版本，就会看到一个小的方形的塑料块），这种器件是 ATmega328，它是控制板的"心脏"。

 事实上，有很多不同种类的 Arduino 控制板，但是到目前为止最常用的一个就是刚才说的 Arduino Uno。在第 9 章中，我们会简单介绍一下整个 Arduino 系列，包括与 AVR 系列不太一样的新的 ARM 系列。

我们（Arduino 团队）将所有微控制器工作需要的，以及与计算机通信的元器件都焊接在电路板上。本书中主要使用的是 Arduino Uno，这是最简单也最好

学的一个版本。我们将要讨论的绝大多数内容都适用于所有的 Arduino，包括最新的和早期的。

图 3-1 中，你能看到 Arduino 的上下有两排满是标号的插针座。这些插针座是用来连接传感器和执行器的连接端子。（传感器感应物理世界的信号并把它转化为计算机能够理解的信号，而执行器是将计算机的信号转换成物理世界的行为和动作。通过本书你能学到更多关于传感器和执行器的内容。）

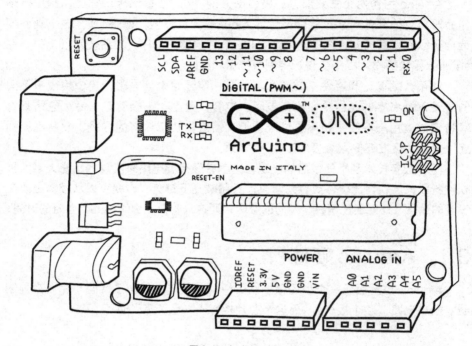

图3-1　Arduino Uno

开始的时候，所有这些连接端子可能有点让人摸不着头脑。通过本书你能学习到什么是输入和输出。如果看到这里你仍然很混乱，毕竟本书中有这么多你需要去了解的新名词，不用担心，我们将用多种方式来重复并不断地解释它们，一旦你开始搭建电路并观察最后的结果，就能马上体会到它们的意义。

14 个数字量 I/O（输入或输出）引脚（引脚 0 ~ 13）

这些引脚既能作为输入也能作为输出。输入是用来读取传感器的信息，而输出是用来控制执行器的。你要在 IDE 的程序中指定这个方向（输入或输出）。数字量输入只能读取两种值，数字量输出也只能输出两种值（高或低）。

6 个模拟量输入引脚（引脚 A0 ~ A5）

模拟量输入引脚是用来读取模拟量传感器的电压值的。与只能测量电压高低两种不同等级的数字量输入相对，模拟量输入能够测量电压的 1024 个不同的等级。

6 个模拟量输出引脚（引脚 3、5、6、9、10 和 11）

这实际上是 6 个数字量引脚，这里应用的是它们的第三功能：模拟量输出。像数字量输入 / 输出一样，你需要在程序中设定引脚的操作。

控制板能够通过计算机的 USB 接口供电，也能通过绝大多数的 USB 充电器或一个电源适配器（推荐 9V、2.1mm 插头，内正外负）供电。当通过电源接口供电时，Arduino 会通过电源接口取电，如果电源接口没有供电，Arduino 会通过 USB 接口取电。当电源接口和 USB 接口都供电时也是安全的。

3.2　软件集成开发环境（IDE）

IDE 是在计算机上运行的一个特殊的程序，它允许你使用类似 Processing 的简单语言为 Arduino 编写程序。当你按下按钮把程序烧写到控制板上的时候，奇迹发生了：你写的代码被转换成了 C 语言（对于初学者来讲有一点难），然后交给 avr-gcc 编译器，开源软件重要的功能是最终将代码转化成微控制器能够理解的语言。最后一步相当重要，Arduino 隐藏了复杂的编程过程，让你能够简单地使用微控制器。

在 Arduino 上编程步骤如下。

（1）将你的控制板通过 USB 端口连到计算机上。

（2）编写控制 Arduino 的代码。

（3）通过 USB 端口给控制板烧写程序，然后等待几秒，Arduino 会重启。

（4）观察你写的程序是如何在控制板上执行的。

3.3　在计算机上安装 Arduino

要给 Arduino 编程，必须首先安装 IDE，在 Arduino 的网站上能够下载到合适的文件，根据操作系统选择正确的版本（Windows 选择"Win 7 及更新"选项）。在网站的下一页，你可以选择为支持 Arduino IDE 而捐助一定的费用，或者也可以直接单击"JUST DOWNLOAD（仅下载）"按钮。保存文件，然后按照下面章节中的内容进行安装。

3.4　安装 IDE：MacOS

文件下载完成后，根据浏览器的设置，它可能会自动打开，或者需要你在已下载的文件上双击鼠标手动打开。

将 Arduino 应用拖曳到你的应用文件夹。

3.4.1　安装驱动：MacOS

MacOS 的操作系统已经包含了 Arduino Uno 的驱动，所以不需要单独安装驱动。

现在 IDE 已经安装完成了，用 USB 连接线把你的 Arduino Uno 连接到计算机上。板子上绿色的电源指示 LED 应该亮起来，然后标记为 L 的黄色 LED 应该开始不断地闪烁。

 你可能会看到一个弹出的窗口告诉你一个新的网络接口被检测到。如果出现这种情况，单击"网络属性"，在弹出的窗口中单击"应用"。Uno 会显示为没有正常配置，不过能正常使用。最后退出系统属性。

现在你需要在软件中选择正确的端口和 Arduino Uno 进行通信。

3.4.2　端口选择：MacOS

打开 Arduino IDE，要么通过"应用"文件夹，要么使用 Spotlight。

在 Arduino IDE 的工具菜单中选择端口，然后选择以 /dev/cu.usbmodem 或 /dev/tty.usbmodem 开头的端口，可能还会在端口名称后面显示 Arduino/Genuino Uno。两个端口都能与你的 Arduino 通信，两者没什么差别。

图 3-2 显示了 Mac 计算机上 Arduino IDE 中的端口列表。

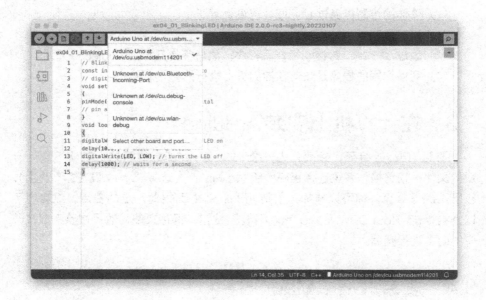

图3-2　Mac计算机上Arduino IDE中的端口列表

还剩最后一项就能完成了，你需要确定你使用的是哪种 Arduino 控制板。

在 Arduino IDE 的工具菜单中选择控制板，然后选择 Arduino Uno，如果你使用的是其他控制板，你需要选择对应的控制板类型（控制板的名字印在 Arduino 标识的旁边）。

现在祝贺你已经完成了 Arduino 软件的安装、配置，翻到第 4 章开始学习如何使用吧。

 如果在这些步骤当中你有任何问题，请参见第 11 章：排疑解惑。

3.5　安装 IDE：Windows

当文件下载完成后，双击文件开始安装。

你将看到一个许可，阅读这个许可，如果你同意，单击"我同意"按钮。

你会看到一个安装组件的列表，默认所有都是被选中的，保持这些选择然后单击"下一步"。

接下来需要选择安装文件夹，程序会有一个默认的位置。除非你有其他好的理由，否则接受默认的文件夹并单击"安装"。

安装程序将显示解压并显示安装文件的安装进度。

当安装完成后，会弹出一个安装驱动的窗口，单击"安装"。

都安装完成之后单击"关闭"以结束安装过程。

3.5.1　安装驱动：Windows

现在 IDE 已经安装完成了，用 USB 线将 Arduino Uno 连接到你的计算机上。

板子上绿色的电源指示 LED 应该亮起来，然后标记为 L 的黄色 LED 应该开始不断地闪烁。

这时计算机中会弹出一个**新硬件向导**的窗口，Windows 会自动地安装正确的驱动。

 如果这几步你有任何的问题，可以参阅"11.7Windows 中的驱动安装问题"。

现在你需要在软件中选择正确的端口和 Arduino Uno 进行通信。

3.5.2　端口选择：Windows

运行 Arduino IDE，要么通过桌面快捷方式，要么通过开始菜单。

在 Arduino IDE 的工具菜单中选择端口，你将看到一个或多个 COM 口，后面跟着不同的数字。其中一个端口的名称后面可能会显示 Arduino/Genuino Uno，这就是我们要选择的端口。

如果没有端口的名称后面显示 Arduino/Genuino Uno，那么可以通过另一种方法来识别正确的端口。

（1）记下可用的端口号。

（2）将 Arduino 从你的计算机上拔下来，查看端口的列表，看看哪个 COM 口消失了，然后再将 Arduino 连接到计算机并选择对应的端口。

（端口消失可能要等一会，为了刷新端口列表的显示，每次你都需要重新打开工具菜单。）

 如果对于识别 Arduino Uno 对应的端口有任何问题，可以参见"11.9Windows 中识别 Arduino 的端口号"。

一旦你确定了 Arduino 对应的端口号，就需要在 Arduino IDE **工具菜单**的端口子菜单中选择相应的端口。

还剩最后一项就能完成了，你需要确定你使用的是哪种 Arduino 控制板。

在 Arduino IDE 的**工具菜单**中选择控制板，然后选择 Arduino Uno，如果你使用的是其他控制板，你需要选择对应的控制板类型（控制板的名字印在 Arduino 标识的旁边）。

3.6　安装 IDE：Linux

文件下载完成后，转到文件下载到的文件夹，通常是

`~/Downloads`

然后输入以下内容解压缩文件：

`tar xf arduino-ide_2.0.0-rc3_Linux_64bit.tar.xz`

这将需要几秒，在此期间不会显示任何内容。完成后，你将找到一个新文件夹：

`arduino-ide_2.0.0-rc3_Linux_64bit`

将此文件夹移动到你喜欢的位置，例如你的主文件夹，可以输入：

`mv arduino-ide_2.0.0-rc3_Linux_64bit ~`

3.6.1　安装驱动：Linux

Arduino Uno 使用 Linux 操作系统提供的驱动程序，因此无须安装。

3.6.2　授予串行端口权限：Linux

Arduino 使用的串行端口通常仅限于管理员使用，因此你需要授予自己使用这些串行端口的权限。通过输入以下内容将自己添加到 dial out 组来完成此操作：

`sudo usermod -a -G dialout $USER`

系统将要求你提供密码以进行身份验证。输入密码后，命令完成，不过要等到下次重新启动会话时命令才会生效，因此要么注销并重新登录，要么重新启动。

现在软件已经安装完成了，你需要选择正确的端口来与 Arduino Uno 进行通信。

3.6.3 端口选择：Linux

通过输入以下内容调用 Arduino IDE：

```
~/arduino-ide_2.0.0-rc3_Linux_64bit/arduino
```

在 Arduino IDE 的工具菜单中选择端口，你将看到一个或多个名字类似于 /dev/tty 这样的端口，其中一个端口名称后面会显示 Arduino/Genuino Uno，这就是我们要选择的端口。

一旦你确定了 Arduino 对应的端口号，就需要在 Arduino IDE **工具菜单**的端口子菜单中选择相应的端口。

还剩最后一项就能完成了，你需要确定你使用的是哪种 Arduino 控制板。

在 Arduino IDE 的**工具菜单**中选择控制板，然后选择 Arduino Uno，如果你使用的是其他控制板，你需要选择对应的控制板类型（控制板的名字印在 Arduino 标识的旁边）。

现在祝贺你已经完成了 Arduino 软件的安装、配置，翻到第 4 章开始学习如何使用吧。

4 Arduino 入门

现在我们将学习如何制作一个交互装置，并对这个装置书写相应的程序。

4.1 交互装置解析

用 Arduino 制作出来的装置其实都基于一种非常简单的模式，我们称为交互装置。交互装置是能够通过传感器（将现实生活中的测量数据转换为电子信号的电子元器件）感知环境的电子电路。互动装置能够通过程序来处理由传感器取得的信息，然后通过执行器以及能把电子信号转换为物理动作的元器件与外界互动。

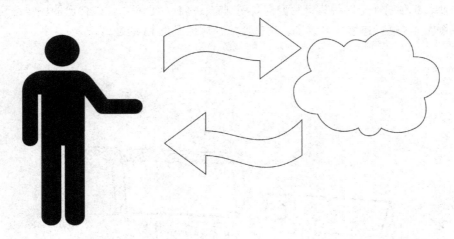

4.2 传感器与执行器

传感器和执行器是允许电子装置与外界交互的电子元器件。

微控制器是一个非常简单的计算机，它只能处理电子信号（这有点像我们大脑中神经元之间传递的电脉冲）。为了检测光线强度、温度高低和其他物理量，微控制器需要能够将环境信息转换为电信号的元器件。比如在我们的身体中，眼睛会将光线强度转换成电信号，再通过神经传递给大脑。在电子世界中，我们可以使用一种称为"光敏电阻"的简单元器件来测量光线的强度，然后再转换为微处理器能够理解的信号。

一旦传感器信息被读取，装置就需要根据信息来决定如何响应。这个决策行为是由微处理器来处理的，并由执行器作出响应。比如在我们的身体中，肌肉接收到大脑传来的电信号，就会转化为一个动作。在电子世界中，这样的功能可以用灯光或电机来实现。

在接下来的几个章节中，我们将学习如何读取几种不同类型传感器的信号，以及如何控制几种不同的执行器。

4.3 LED闪烁

LED 闪烁的例子是测试 Arduino 控制板好坏以及验证我们的配置是否正确的第一个例子，这通常也是学习微控制器编程的第一个练习程序。发光二极管（LED）是一个小型的电子元器件，很像一个小灯泡，但是更高效，只需要很低的电压就能工作。

Arduino 控制板本身就装了一个 LED，在板子上标识为 L。这个 LED 连接到 13 脚，记住这个数字因为之后我们要用到它。另外你也可以添加自己的 LED[1]，只要像图 4-1 这样连接就可以了。注意连接的是标识为 13 的端口。

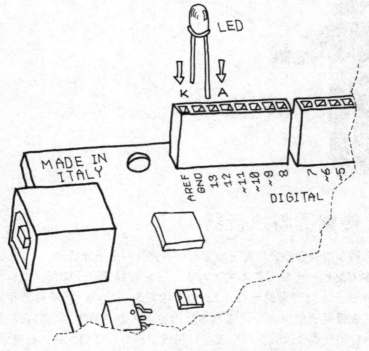

图4-1　在Arduino上连接LED

1　LED 包含在前言提到的套件中。

如果打算在较长的一段时间里保持 LED 常亮，那就需要连接一个电阻，具体的内容可以参见"5.2 用 PWM 控制灯光的亮度"。

K 表示阴极（负极），或较短的引脚；A 表示阳极（正极），或较长的引脚。

一旦连接好 LED，就需要告诉 Arduino 要做什么。这时就需要通过代码：一段交给微控制器实现我们想法的指令列表（代码、程序和草稿，所有这些名词都指的是这段指令列表）。

在计算机上运行 Arduino IDE（在 Mac 上，应该在应用文件夹中；在 Windows 上，快捷方式要么在桌面上，要么在开始菜单中），选择"文件→新建"，然后 IDE 会让我们选择代码的文件夹名字，Arduino 程序就会存在这个文件夹下。这里命名为 Blinking_LED，之后单击 OK。接下来，在 Arduino 的代码区（Arduino IDE 的主窗口）输入下面这段代码（见例程 4-1）。我们也能够在本书的 GitHub 网页上下载这段例程。

再或者直接通过软件菜单"文件→例程→01.Basics→Blink"来打开这个例子，不过如果自己敲一遍代码会学得更好。内置示例可能略有不同，但实现的功能基本上是相同的。

图 4-2 显示了如何打开这个例子。

例程 4-1　Blinking LED

```
// Blinking LED

const int LED = 13; // LED connected to
                    // digital pin 13

void setup()
{
  pinMode(LED, OUTPUT);    // sets the digital
                           // pin as output
}

void loop()
{
  digitalWrite(LED, HIGH); // turns the LED on
  delay(1000);             // waits for a second
  digitalWrite(LED, LOW);  // turns the LED off
  delay(1000);             // waits for a second
}
```

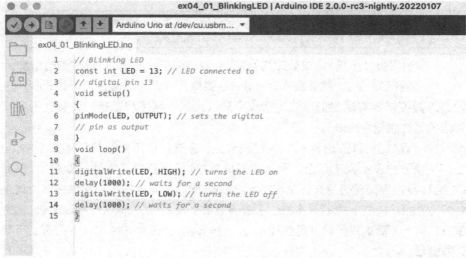

```
   ex04_01_BlinkingLED.ino
1    // Blinking LED
2    const int LED = 13; // LED connected to
3    // digital pin 13
4    void setup()
5    {
6    pinMode(LED, OUTPUT); // sets the digital
7    // pin as output
8    }
9    void loop()
10   {
11   digitalWrite(LED, HIGH); // turns the LED on
12   delay(1000); // waits for a second
13   digitalWrite(LED, LOW); // turns the LED off
14   delay(1000); // waits for a second
15   }
```

图4-2　在Arduino IDE中加载的第一个程序

现在的 IDE 中已经有了这段代码，我们需要校验这段代码是否正确。单击"校验"按钮（图 4-2 显示了按钮的位置——左上角的对勾）；如果没什么错误，在 Arduino IDE 的底部会有"编译完成"的消息。这个消息意味着 Arduino IDE 将这些代码转换为能够被控制板运行的可执行程序，这就像 Windows 下的 .exe 文件或是 Mac 下的 .app 文件。

如果有错误出现，最有可能是代码中的错误。仔细地检查每一行代码，留意每一个字符，特别是小括号、大括号、分号和逗号。确保字母的大小写完全正确，还有像字母 O 和数字 0 这样容易混淆的字符也要检查。

一旦代码校验正确，就能通过"校验"按钮后面的"烧写"按钮（见图 4-2）将它烧写到控制板中。这会让 IDE 开始执行烧写过程，首先会重启 Arduino 控制板，让它停止现在的工作，然后接收从 USB 端口传过来的指令。Arduino IDE 会将代码发送给 Arduino 控制板，控制板会将程序存在自己的程序区中。一旦 IDE 发送了整个程序，Arduino 控制板就会开始运行程序。

这个过程发生得相当快。如果我们盯着 Arduino IDE 的底部，就会看到一些消息出现在窗口底部的黑色区域，这里，可能会看到消息"正在编译"，然后是"上传"，最后是"上传完成"，这些信息会让我们知道整个过程已正确完成了。

Arduino 控制板上有两个标记为 RX 和 TX 的 LED；每次板子发送或接收一个字节时，它们都会闪烁。在烧写过程中，它们会不断闪烁。这也发生得很快，所以除非我们在正确的时间看 Arduino 控制板，否则我们可能就会错过。

如果我们没有看到 LED 闪烁，或是收到了"上传完成"之外的错误信息，那么就说明计算机和 Arduino 之间的通信存在问题。要确保我们在"工具→串行端口"菜单中选择了正确的端口（参见第3章）。此外，检查"工具→控制板"菜单以确认选择了正确的 Arduino 类型。

如果仍有问题，请参见第11章。

一旦代码烧写到 Arduino 控制板当中，它就会一直存在那里，直到写入新的程序。如果电路板被重置或关闭，程序依然存在，这有点像计算机硬盘上的数据。

假设程序已正确上传，此时我们将看到 LED L 亮一秒、灭一秒。如果图 4-1 外接了一个单独的 LED，那么这个 LED 也会闪烁。我们刚刚编写并运行的就是一个计算机程序或 Arduino 程序。正如我们之前提到的，Arduino 是一台小型计算机，它可以通过编程来做你想做的事情。它是通过在 Arduino IDE 中输入一系列指令来完成的，这些指令之后被转换成了 Arduino 控制板的可执行文件。

下面我们将告诉你如何理解 Arduino 的代码。首先要说明的是，Arduino 执行代码的顺序是从上往下的，所以顶部的第一行会被第一个读取，然后往下移动，这有点像我们阅读这本书的方式，从每一页的顶部到底部。

4.4　递给我一块帕尔马干酪

注意代码中的大括号，它们能将代码整合在一起。当我们想给一段指令起个名字的时候，这一点特别有用。如果我们在吃晚饭的时候和某人说："请递给我一块帕尔马干酪。"这将会触发一系列的动作来完成我们刚才说的那句话。对于人来说，这很自然，但对于 Arduino 来说，我们需要靠指令来完成所有的这些小动作，因为它没有我们的大脑强大。因此，为了将一段代码整合在一起，我们在写程序的时候需要将它们放在左大括号"{"和右大括号"}"之间。

你会看到这里有两个这样定义的代码块。每段代码块之前是一些奇怪的字符：

```
void setup()
```

这一行是下面这个代码块的名字，如果我们写了一段代码告诉 Arduino 如何拿一块帕尔马干酪，我们可以在这段代码之前写上 void passTheParmesan()，这样这段代码就变成了一条能够在 Arduino 程序中任何地方使用的指令。这个代码块叫作函数。现在我们将一段代码变成了一个函数，我们能在代码区的任何地方使用 passTheParmesan()，使用后，Arduino 都会跳转到 passTheParmesan() 函数并执行这段代码，然后再跳回原来的地方继续执行。

这一点是 Arduino 编程中最重要的部分。Arduino 同一时间只能做一件事，只能执行一条指令。当 Arduino 执行程序时是一行一行执行的，且一次只执行一行。当它跳转到函数时，会一行一行地执行函数内的代码，直到跳回原来的地方。Arduino 不能在同一时间运行两套指令。

4.5　Arduino 永不停止

Arduino 包含两个函数：一个叫 setup()，另一个叫 loop()。

setup() 函数中所写的代码只会在程序开始时执行一次，而 loop() 函数中的代码会一遍一遍地重复执行。之所以这样是因为 Arduino 不像一般的计算机——它不会同时执行多个程序，也不会退出。当我们给控制板供电之后，程序就开始运行，而如果我们想停止运行，只能采取断电的方式。

4.6　真正的创客都写注释

任何以 // 开头的文本都会被 Arduino 忽略。这些行称为注释，这是我们在程序中为自己留下的标注，以便于我们能记住这段代码是起什么作用的，或是让其他人能够明白我们的程序。

在写一段代码时注释很普遍（我们知道这一点是因为我们一直都是这样做的）。把我们的程序烧写到控制板当中，然后说："OK——我再也不想碰这个项目了！"而 6 个月以后我们才意识到需要更新代码或是修复错误。此时，我们打开这个程序，如果原本的程序中没有包含任何注释，我们会想"啊——太乱了！我从哪块开始呢？"随着本书的继续，你会看到一些技巧，让我们的程序更易读也更容易维护。

4.7　代码，一步步来

首先，你可能会认为这样的解释没有必要，这有点像我们在学校学习但丁的《神曲》时的情形（每一个意大利学生都要学，另外一本必学的叫《约婚夫妇》——啊，噩梦呀）。每一行的诗句后面都有上百行的评论！不过，当你开始编写你自己的程序时，就会发现这样的解释很有用。

——Massimo

```
// Blinking LED
```

我们通常用注释来写一行小的说明。最前面的注释仅仅是提醒我们这个程序是例程 4-1，LED 闪烁（Blinking）。

```
const int LED = 13; // LED connected to
                    // digital pin 13
```

const int 意味着 LED 是一个不可变的整形数据（即一个常量）的名称，它的值是 13。对于代码来说，这有点像一个自动搜索替换的过程，这种情况下，它告诉 Arduino 每次遇到 LED 的时候都把它当作数字 13。将 LED 的设定为 13 是因为板载的 LED 是连接到 13 脚的，这一点我们之前提过。一般使用大写字母表示常量。

```
void setup()
```

这一行告诉 Arduino 下面这段代码是一个名字叫 setup() 的函数。

```
{
```

左大括号表示开始这段代码。

```
pinMode(LED, OUTPUT); // sets the digital
                      // pin as output
```

最后，一个非常有趣的指令！pinMode() 告诉 Arduino 如何设置当前的引脚。Arduino 所有的引脚都能够用作输入或输出，但是我们需要告诉 Arduino 我们打算如何应用这个引脚。

此处我们需要设置为"输出"来控制我们的 LED。

pinMode() 是一个函数，小括号内指定的字符（或数字）称为参数，参数是函数执行时所需要的条件信息。

pinMode() 函数需要两个参数，第一个参数告诉 pinMode() 要控制哪一个引脚，而第二个参数告诉 pinMode() 控制的这个引脚是输入还是输出。INPUT 和 OUTPUT 是 Arduino 语言中预先定义好的常量。

还记得这里 LED 是一个常量的名字吧，这个常量的值是 13，这是板载 LED 连接的引脚号。所以，第一个参数是 LED，这是常量的名字。

第二个参数是 OUTPUT，因为当 Arduino 控制执行器的时候，需要向外发送信息。

```
}
```

右大括号表示 setup() 函数结束了。

```
void loop()
```

```
{
```

loop() 函数执行了我们交互装置的主要功能。它会一遍一遍地重复执行，直到我们给控制板断电为止。

```
digitalWrite(LED, HIGH);   // turns the LED on
```

像注释描述的那样，digitalWrite() 能够将任何设置为输出的引脚打开（或关闭）。像看到的 pinMode() 函数一样，digitalWrite() 需要两个参数，第一个参数依然是我们所要控制的引脚，这里依然使用 LED 这个常量的名字，这个常量的值是板载 LED 连接的引脚号 13。

第二个参数不同，这里第二个参数是告诉 digitalWrite() 函数设置低电压 0V（LOW）还是高电压 5V（HIGH）。

想象一下，每一个输出引脚都是一个小的电源插座，就像我们公寓墙上的电源插座。欧洲是 230V，美国是 110V，而 Arduino 是较为温和的 5V。神奇的地方在于软件能够控制硬件，当编写 digitalWrite(LED, HIGH) 时就能够在引脚输出

5V，此时如果连接一个 LED，这个 LED 就会点亮。所以在我们编写的代码中，软件指令通过控制引脚的电压输出为低，就能在物理世界产生一些变化。打开或关闭引脚现在转化为一些我们能够直观看到的现象；LED 就是我们的执行器。

在 Arduino 当中，HIGH 意味着引脚输出 5V，而 LOW 意味着引脚输出 0V。

你可能会奇怪为什么我们使用 HIGH 和 LOW，而不是使用 ON 和 OFF，通常 HIGH 和 LOW 确实是分别对应 ON 和 OFF，但这要看引脚外围的电路是如何实现的。比如，LED 连接在 5V 和引脚之间，那么当引脚输出 LOW 的时候 LED 会点亮；而当引脚输出 HIGH 时 LED 会熄灭。但是绝大多数情况你可以默认 HIGH 意味着 ON，而 LOW 意味着 OFF。

```
delay(1000);          // waits for a second
```

虽然 Arduino 比笔记本电脑要慢很多，但它运行得仍然非常快。如果我们点亮 LED 之后马上将它熄灭，我们的眼睛根本不可能看见，我们需要将 LED 点亮的状态保持一段时间，以便于我们能够看到。这句指令就是告诉 Arduino 等待一段时间再执行下一步指令。delay() 函数基本上就是让微控制器待在那里什么也不要做，等的时间由函数的参数决定，参数的单位是毫秒。毫秒是千分之一秒，所以，1000ms 等于 1s。因此，LED 会保持当前状态 1s。

```
digitalWrite(LED, LOW);          // turns the LED off
```

这条指令会将之前点亮的 LED 熄灭。

```
delay(1000); // waits for a second
```

这里，我们再延时 1s，LED 会熄灭 1s。

```
}
```

右大括号表示 loop() 函数结束。当 Arduino 运行到这里，程序会回到 loop() 函数的开始重新运行。

综上所述，这个程序是以下这样的。

- 设置 13 脚为输出（只是在开始的时候运行一次）；
- 进入 loop 循环；
- 点亮 13 脚连接的 LED；
- 等待 1s；
- 关闭 13 脚连接的 LED；
- 等待 1s；
- 回到 loop 循环开始的位置。

如果你没有完全理解，不要灰心。正如我们前面说的，如果你是一个新手，可能需要一段时间才能理解。当你通过后面的例子开始编程的时候就会掌握更多编程的知识和内容。

在进入 4.8 节之前，我们希望你能自己改改代码。比如，减少延时的时间、使用不同的时间参数调整开关的脉冲，这样就能感受到不同的闪烁频率。特别是当延时时间特别少的时候，你要注意会发生什么。有一个时刻会发生奇怪的现象，对于理解和学习"5.2 用 PWM 控制灯光的亮度"章节中脉宽调制的内容来说，这个"现象"是非常有用的。

4.8　我们将要制作什么

我一直对光，以及通过技术控制不同的灯光的项目很着迷。我很幸运能参与一些控制灯光的有趣项目，这些项目能够和人交互，这是 Arduino 擅长的方面。

——Massimo

在这一章、第 5 章和第 7 章，我们将学习如何设计交互式台灯，使用 Arduino 理念学习基本的交互装置制作方法。记住，无论 Arduino 的输出引脚连的是什么，我们只需要将它的引脚设置为 HIGH 或 LOW，这样就能控制灯光、电机或汽车发动机。

4.9 节，我们会用特殊的方式解释一些电子电路的基本原理，这种方式对工程师来说太无聊，但特别适合 Arduino 的初学者。

4.9　什么是电

如果你在家里接过水管，那么电对于你来说就不难理解了。要了解什么是电和电路，最好的方法就是用水来做演示。让我们来看一个简单的装置，就像图 4-3 所示的电池驱动的风扇。

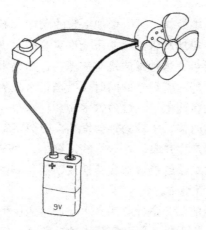

图4-3　便携风扇

如果把风扇分开来看，你会发现它包含了电池、导线和电机，还有控制电机工作的开关。如果你打开开关，电机就开始旋转，产生风。

它是如何工作的呢？好，想象一下电池是一个水库加上一个泵，开关是一个水龙头，而电机是那些我们在水车上看到的轮子。当我们打开水龙头的时候，水流就从泵流出，然后推动轮子转动。

这是一个简单的液压系统，如图4-4所示，这里有两个重要的因素：水的压力（这是由泵的功率决定的）和水管中流动的水（这取决于水管的粗细和水轮转动的阻力）。

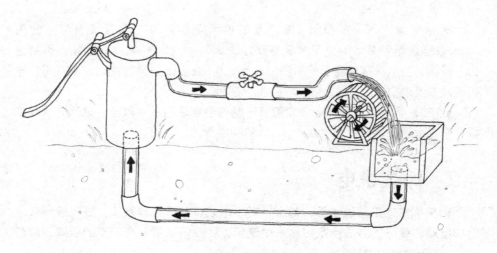

图4-4　液压系统

如果想让水轮更快地旋转，可以增加水管的尺寸（不过这只是一个方面），以及增强水泵的功率。增加水管的尺寸可允许更多的水流通过，水管越粗，水流在管道中的阻力就越小。这种做法是有前提的，如果水压不够强，水轮也不会转得更快，所以在增加水管尺寸的同时还要增强水泵的功率。这样就能不断加快水车的转速，不过转速太快，过强的水流会把水车冲垮。另外一件事也需要注意，当水轮转动的时候，水轮的轴会发热，因为不管怎么安装水轮，轴和安装孔之间的摩擦都会产生热量。在这样的系统中，对于这一点的理解非常重要，系统中不是所有的水泵的能量都会转换成动能，一些能量会像这种热量一样从系统中慢慢流失到环境中。

所以系统中最重要的部分是什么呢？水泵产生的压力是一方面；此外还有水管和水轮对水流产生的阻力，以及实际水的流量（一般以每秒流过多少升的水来表示）。

电有点像水，有一种特殊的泵（任何电源，比如电池或墙上的插座）能够让电在代替水管的导线里流动起来（想象一下电的流动）。不同的电子设备利用电的流动来发热（如电热毯）、发光（如台灯）、发声（如音响）以及运动（如风扇）等。

如果电池的电压是 9V，可以认为这就是电池里的小"泵"提供的水压。电压的单位是伏特，是以电池的发明者 Alessandro Volta 的名字来命名的。

电子设备中除了有类似水压的存在，也存在类似的水流，我们称之为电流，单位是安培（以电磁学领域成就卓越的 André-Marie Ampère 名字来命名），电压与电流的关系可以通过水轮系统来说明：高电压（水压）让你的水轮转动更快，更大的水流（电流）能够转动更大的水轮。

最后，阻止电流沿着导线流动的叫电阻（我想你猜到了），电阻的单位是欧姆（以德国物理学家 Georg Simon Ohm 的名字命名）。Ohm 还发现了一个定律，这个定律在电子领域非常重要，这也是你唯一需要记住的公式。这个公式描述了电路中电流、电压及电阻之间的相互关系，尤其是在给定电压的电路中，电阻的大小决定了电流的大小。

细想一下就会觉得这非常直观。取一个 9V 电池接入一个简单的电路当中，通过测量你能发现增大电阻会减小电流。再与水管中的水流做一个对比，当水泵不变的前提下，如果安装一个阀门（可以理解为电路中的可变电阻），那么在阀门越关越小（增加水流的阻力）的情况下，水管中的水流也越来越小。欧姆定律公式如下：

$R（电阻）= V（电压）/ I（电流）$

$V = R * I$

$I = V / R$

这条定律最重要的一点是我们能够直观地理解它，从这一点考虑，我更喜欢最后那个版本的公式（$I = V / R$），因为当一个确定的电压（压力）接入一个指定的电路（阻力）中的时候，电流只是两者产生的一个结果。电压是不管你有没有使用都存在的，电阻也是不管有没有供电都存在的，但电流只有在电压加在电阻两端时才会存在。

4.10　使用按键控制 LED

LED 闪烁比较简单，但是如果我们在读书的时候，旁边桌子上是一盏不断闪烁的台灯，这一定会让我们抓狂的，因此，我们需要学习如何控制它。在之前的示例中，LED 是我们的执行器，而 Arduino 是用来控制它的。这个场景中我们缺少了传感器。

这里，我们用一个最简单的传感器：按键开关。

把按键拆开，我们会发现这是一个非常简单的装置，两个被弹簧分开的金属触点和一个塑料盖子，当按下按键时，两个金属触点连在一起。当触点分开时，按键中没有电流流过（有点像水阀关闭的时候），当按下按键，就建立了一个连接。

所有的开关基本都是这样：两个（或更多）能够相互连接的金属件，允许电从一端流向另一端，或是为了阻断电流断开连接。

为了检测开关的状态，我们需要了解和学习一个 Arduino 的新指令：函数 digitalRead( )。

digitalRead( ) 函数会检查括号中指定的引脚上是否有电压信号，同时根据检测结果返回 HIGH 和 LOW。目前我们使用过的其他指令都没有返回任何信息，它们只是执行我们发送给它们的命令，不过这样的函数有一些局限，因为我们只能用这些指令执行一系列非常有规律的动作，无法接收外界的信息。利用 digitalRead( )，我们能够"询问"Arduino 并接收到相应的回答，这些回答能存储起来作为当前或稍后进行决定的依据。

像图 4-5 一样搭建电路。这里你需要准备一些零件（这些零件在其他项目当中也会用到）。

- 面包板；
- 面包线；
- 一个 10kΩ 电阻；
- 按键开关。

 如果买不到面包线，也可以购买一小卷 22 号 AWG 导线然后用偏口钳和剥线钳裁成一段一段的。

 GND 在 Arduino 中表示地，这个词被用了很长时间了，不过在这里简单理解为电源负极就好了。我们通常在描述中既使用 GND，也使用地。你可以将其认为成图 4-4 液压系统中埋在地下的水管。

在大多数的电路中，GND 或地使用得相当频繁。因此所有的 Arduino 控制板上有 3 个标有 GND 的引脚，它们是连在一起的，使用哪一个都没有区别。

标有 5V 的引脚是电源正极，它的电压始终比地高 5V。

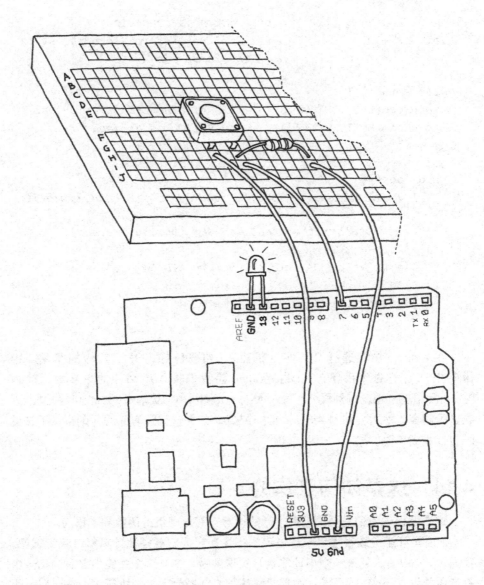

图4-5 连接按键开关

例程 4-2 是按键控制 LED 的代码。

例程4-2 当按键按下时点亮LED

```
// Turn on LED while the button is pressed

const int LED = 13;    // the pin for the LED
const int BUTTON = 7; // the input pin where the
```

```
                             // pushbutton is connected
    int val = 0;             // val will be used to store the state
                             // of the input pin

void setup() {
  pinMode(LED, OUTPUT);    // tell Arduino LED is an output
  pinMode(BUTTON, INPUT); // and BUTTON is an input
}

void loop(){
  val = digitalRead(BUTTON); // read input value and store it

  // check whether the input is HIGH (button pressed)
  if (val == HIGH) {
    digitalWrite(LED, HIGH); // turn LED ON
  } else {
    digitalWrite(LED, LOW);
  }
}
```

在 Arduino 中，选择"文件→新建"（如果已经打开了其他的草稿，那需要先把当前的草稿保存）。当 Arduino 要我们输入新文件的名字时，输入 PushButtonControl。将例程 4-2 写入 Arduino 当中（或从本书的 GitHub 网页上下载这段例程，然后粘贴到 Arduino IDE 当中）。如果代码没有问题，则当按下按键时 LED 就会点亮。

4.11 这是如何工作的

这个例程中我们需要介绍两个新的概念：有返回值的函数和 if 语句。

if 语句可能是编程语言中最重要的指令，因为它能够让计算机（还记得吧，我们说过 Arduino 就是一个小计算机）实现判断。在 if 这个关键字之后的括号中我们需要填入一个"问题"，如果"回答"或结果为真，则执行第一块代码；否则，执行 else 之后的那块代码。

注意符号"=="，它与符号"="有本质的区别，前者用在符号两端的两个对象进行比较的时候，之后返回 true 或 false；而后者用在给变量或常量赋值的时候。在写入时要确保使用的是正确的符号，因为只写一个 = 是非常容易犯的错误，那样我们编写的程序将不会正常工作。我们心里清楚，因为就算经过这么多年的编程，我们仍然会犯这种错误。

这里并不是直接用开关控制 LED，这一点非常重要，我们编写的 Arduino 程序不断地检测开关状态，然后决定是点亮还是熄灭 LED。开关和 LED 之间是通过程序连在一起的。

当我们需要灯光时，用手指一直按着按键好像不太实际，所以我们需要想办法让按键一直按下去。

4.12 一个电路，一千种玩法

可编程芯片相对于传统的电子电路的优势越来越明显：下面我将展示在只更改软件的情况下，就能让 4.11 节中的电路实现很多不同的功能。

正如之前说的，灯亮的时候需要把手一直按在按键上不太现实。因此，我们需要通过软件的机制实现某种"记忆"的功能，这个功能会在按下按钮的时候记住这个状态，保证当我们松开按键的时候灯依然是亮的。

要实现这个功能，首先需要知道什么叫变量。（其实之前已经使用过了，但我们还没有解释它。）变量是放在 Arduino 存储区的数据，可以把它想象成用来提醒自己干什么事的便利贴，比如电话号码：将"Luisa 02 555 1212"的内容写在一张便利贴上，然后把这张便利贴贴在计算机显示器或是冰箱上。在 Arduino 中，这同样简单：我们只需要决定要存储什么类型的数据（比如数字或文本），给它起一个名字，之后当我们要用它的时候，就能存储或读取这个数据。举个例子：

int val = 0;

int 意味着变量将以整数的形式存储，val 是变量的名字，= 0 的意思是将变量最开始的值设定为 0。

以名字来表示的变量能够在程序中的任何位置修改，所以在之后的程序中，我们可以这样写：

val = 112;

这样，变量就被赋予了一个新的值：112。

 你注意到了吗？ Arduino 中每一条指令都是以分号结束的。这样做是为了让编译器（Arduino 软件的一部分，这个部分能将编写的代码转换成微控制器能够执行的程序）知道这条语句结束了，同时开始一条新的指令。如果我们忘了一个必不可少的分号，编译器就可能不理解我们编写的代码了。

在接下来的程序中，变量 val 存储了 digitalRead()；从输入端所获取的结果，这个结果会一直存在这个变量中，直到另外一行代码改变变量的值。注意变量使用了一种叫 RAM 的存储器类型，这种存储器非常快，不过当控制板断电后，所有 RAM 中的数据都会丢失（这意味着当控制板重新上电的时候，每个变量都会重置为初始值）。我们编写的程序本身是存在 flash 中的，这是一种就算断电之后，内容也不会丢失的存储器，我们手机中用来存储电话号码的也是这种存储器。

现在让我们用另外一个变量来记住 LED 的状态,这样当我们松开按键的时候,LED 就能保持现在打开或关闭的状态了。例程 4-3 是我们的第一次尝试。

例程 4-3 在按键按下时点亮 LED,在松开时 LED 能够保持状态

```
const int LED = 13;    // the pin for the LED
const int BUTTON = 7; // the input pin where the
                       // pushbutton is connected
int val = 0;     // val will be used to store the state
                 // of the input pin
int state = 0;  // 0 = LED off while 1 = LED on

void setup() {
  pinMode(LED, OUTPUT);    // tell Arduino LED is an output
  pinMode(BUTTON, INPUT); // and BUTTON is an input
}

void loop() {
  val = digitalRead(BUTTON); // read input value and store it

  // check if the input is HIGH (button pressed)
  // and change the state
  if (val == HIGH) {
    state = 1 - state;
  }

  if (state == 1) {
    digitalWrite(LED, HIGH); // turn LED ON
  } else {
    digitalWrite(LED, LOW);
  }
}
```

现在测试一下这个代码,我们注意到它运行得有点混乱。我们发现灯光变化得非常频繁,不能通过按键来可靠地设置 LED 的亮或灭。

让我们看看代码中有趣的部分:state 是一个存储 LED 开关状态的变量,变量值不是 0 就是 1。当松开按键之后,我们设定变量初始值为 0(LED 熄灭)。

之后,我们读取按键的状态,如果按键按下(val == HIGH),我们将 state 从 0 变为 1,反之亦然。我们使用了一个小技巧,因为 state 只能是 0 或者 1,所以我使用的这个技巧基于一个小小的数学表达式,即 1-0 等于 1,而 1-1=0:

```
state = 1 - state;
```

在数学中，这一行可能不成立，不过在程序中是完全没问题的。符号 = 意味着"将我后面的计算结果赋值给我前面的变量"，这里，state 新的值是 1 减去 state 旧的值。

之后的程序中，你能看到我们使用 state 的状态来决定 LED 的开关，不过结果有点奇怪，这一点我前面说了。

奇怪的结果是由我们读取按键状态的方法所导致的。Arduino 运行非常快，它内部执行指令的速度是 16Mbit/s，意味着每秒能执行数百万行的代码，因此当按下按键的时候，Arduino 可能执行了上千次读取按键状态以及更改 state 的操作。所以最后的结果是不可预测的，当我们想打开的时候可能变成关闭，也有可能反过来。一个坏了的时钟一天也有两次能显示正确时间，我们这个程序偶尔也可能会显示正确的行为，但绝大多数时间都会是错误的。

如何修复这个问题呢？我们需要检测按键按下的那个瞬间，而只有在这个瞬间才改变 state 的值。我们喜欢的方式是在读取一个新的值之前保存一下 val 变量的值，这样我们就能比较按键当前和之前的状态，只有当按键的值从 LOW 变为 HIGH 的时候才改变 state 的值。

例程 4-4 展示了改进后的代码。

例程4-4　改进后新的按键按下检测

```
const int LED = 13;    // the pin for the LED
const int BUTTON = 7; // the input pin where the
                      // pushbutton is connected
int val = 0;      // val will be used to store the state
                  // of the input pin
int old_val = 0; // this variable stores the previous
                 // value of "val"
int state = 0;   // 0 = LED off and 1 = LED on

void setup() {
  pinMode(LED, OUTPUT);    // tell Arduino LED is an output
  pinMode(BUTTON, INPUT); // and BUTTON is an input
}
void loop(){
  val = digitalRead(BUTTON); // read input value and store it
                             // yum, fresh

  // check if there was a transition
  if ((val == HIGH) && (old_val == LOW)){
```

```
    state = 1 - state;
  }

  old_val = val;  // val is now old, let's store it

  if (state == 1) {
  digitalWrite(LED, HIGH); // turn LED ON
  } else {
  digitalWrite(LED, LOW);
  }
}
```

注意在 if 语句中出现了一些新的东西：在两个比较运算中有一个新的符号：&&。该符号执行逻辑与运算，这意味着这个条件只有在两个简单比较运算都为真时才为真。

现在测试一下程序，基本上没问题了！

你可能已经注意到了，这种方法并不完全正确。需要解决的另一个问题与机械开关有关。

正如我们之前说的，按键开关就是一个被弹簧分开的两个金属触点，当按下按键的时候，两个触点会连在一起。当按下按键的时候，我们可能以为开关会完全闭合，但实际上，两个触点之间会发生弹跳，就像一个球在地板上弹跳。

尽管这个弹跳只是非常小的距离，而且只有非常短的一段时间，但是这导致了开关在开和关之间不断变化，直到弹跳停止。而 Arduino 的速度完全能够检测到这一切。

当按键开关在弹跳的时候，Arduino 会检测到一串快速的开关信号。消除弹跳的方法有很多种，这种方法通常称为去抖，但是在这段简单的代码中，只需要在代码中增加 10 ~ 15ms 的延时就可以了。换句话说，只需要等一会，等到弹跳停止就好了。

例程 4-5 是最终的代码。

例程 4-5 另一个改进后新的按键按下检测——简单地去抖

```
const int LED = 13;    // the pin for the LED
const int BUTTON = 7;  // the input pin where the
                       // pushbutton is connected
int val = 0;           // val will be used to store the state
                       // of the input pin
int old_val = 0; // this variable stores the previous
                 // value of "val"
```

```
int state = 0;    // 0 = LED off and 1 = LED on

void setup() {
  pinMode(LED, OUTPUT);    // tell Arduino LED is an output
  pinMode(BUTTON, INPUT); // and BUTTON is an input
}

void loop(){
 val = digitalRead(BUTTON); // read input value and store it
                            // yum, fresh

 // check if there was a transition
 if ((val == HIGH) && (old_val == LOW)){
   state = 1 - state;
   delay(10);
 }

 old_val = val; // val is now old, let's store it

 if (state == 1) {
   digitalWrite(LED, HIGH); // turn LED ON
 } else {
   digitalWrite(LED, LOW);
 }
}
```

一个叫 Tami (Masaaki) Takamiya 的读者写了一段额外的代码能让你更好地去抖。

```
if ((val == LOW) && (old_val == HIGH)) {
    delay(10);
}
```

5 高级输入输出

刚才在第 4 章我们学到了在 Arduino 上最基本的操作：控制数字量输出以及获取数字量输入。如果 Arduino 是某种人类语言，那么这只是字母表里的两个字母。这个字母表中共有 5 个字母，所以我们还有不少内容要学习。

5.1 试试其他的开关型传感器

现在我们已经学会了如何使用按键，接下来基于同样的工作原理我们了解一些其他的基本传感器。

拨动开关

之前使用的按键是一种瞬时的开关，当我们松开，按键就断开了，瞬时开关最常见的例子就是门铃上的开关。

相比之下，拨动开关会保持按下的状态，拨动开关最常见的例子就是电灯的开关。

这是技术上的正确叫法，不过在本书中我们使用的是这些开关通俗的名称："按键"表示瞬时开关，而"开关"表示拨动开关。

你可能认为开关不是一个传感器，但事实是按键（瞬时开关）能检测到我们按下它，而开关（拨动开关）能检测并记住我们最后按下它的状态。

温控器

当温度达到预设值的时候会改变状态的开关。

磁力开关（通常称为"干簧管"）

有两个小金属片，当靠近磁场的时候两个金属片会吸在一起；常用于防盗报警器检测门或是窗户有没有打开。

地毯开关

放在地毯或门垫下面的一个类似扁平垫子的开关，当人或较重的猫踩在上面时，就能被检测到。

倾斜开关或倾斜传感器

一个简单而巧妙的传感器，内部包含两个（或更多）触点和一个小的金属球

（或是滴水银，不过我不推荐使用这种）。图 5-1 展示了这种传感器典型的内部结构。

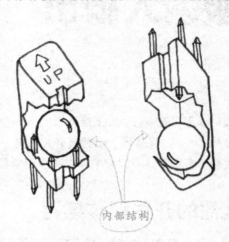

内部结构

图5-1 倾斜传感器内部

　　当传感器垂直向上时，里面的小球会把两个触点连在一起，这就像按键按下一样。当我们倾斜传感器的时候，小球移开，两个触点就断开了，这就像我们松开按键一样。通过这种简单的元器件，你能检测到物体的姿态变化，比如晃动或移动。

　　另一个有用的传感器是热释电红外传感器，或 PIR 传感器，这种传感器常见于防盗报警器，如图 5-2 所示。当一个红外热源（比如人）在其检测范围内移动的时候，设备的状态会改变。这种传感器通常用来检测人而不是动物，所以防盗报警器不用担心会被宠物触发。

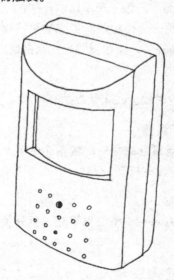

图5-2 典型的热释电红外传感器

对人的检测是相当复杂的，PIR 传感器内部也是相当复杂的。幸运的是，我们不在乎里面是什么样的。我们需要知道的是它的结果是数字信号，通过它告诉我们有没有人在那儿。这就是 PIR 传感器是数字传感器的原因。

自制（DIY）开关

我们可以用金属球和几个钉子来自己制作一个倾斜开关，将导线绕在钉子上，这样当金属球滚到这一侧并停留在两个钉子中间时就会接通两根导线。

也可以利用衣服夹子自己制作一个瞬时开关，将导线绕在夹子的后端，这样当用手捏夹子的时候，开关就会闭合。

另外，也可以将导线绕在夹子的前端，同时夹上一块纸板。在纸板上拴一根绳子，绳子的另一端可以拴在门上。这样当门打开的时候，就会把纸板从夹子中拉出来，此时导线接通，开关闭合。

因为所有这些传感器都是数字的，所以可以将它们中的任何一个当作按键来使用，利用第 4 章的程序时也不需要做任何修改。

比如，"使用按键控制 LED"这一节中的电路和程序，只要将按键替换成 PIR 传感器，就可以制作一台能人体感应的台灯，或是利用倾斜开关制作一个倾斜就会关闭的台灯。

5.2 用 PWM 控制灯光的亮度

现在我们掌握的内容足够用来制作一个交互灯了，不过好像有点无聊，因为具体的操作不是开就是关。而一个奇特的交互灯需要能够调光，为了解决这个问题，我们将利用一种现象，这种现象让很多事都成为可能，比如电视或电影。这种现象被称为视觉暂留（POV）。POV 是这样一种现象，即我们的眼睛每秒"刷新"看到的内容不会超过 10 次。如果我们看到的图像变化比这个快，眼睛就会将一个图像"模糊"到另一个图像中，从而产生运动的错觉。

在第 4 章第一个例子后面我们有一些提示，如果我们减少延时函数中的数字直至看不到 LED 闪烁，此时我们会发现 LED 似乎比正常的情况要暗一些。接着往下研究会发现，当开关的延时时间不一样时，亮度也不一样，开的延时时间越长，LED 会越亮，而关的延时时间越长，LED 会越暗。这种技术叫作脉冲宽度调制（PWM），就是通过改变脉冲宽度来调整 LED 的亮度。图 5-3 显示了其工作过程，不过由于这种变化太快，所以我们无法用双眼直接观察到。

这种技术除用于 LED 之外，还能应用在其他一些设备上，比如能够控制电机的转速。在控制电机的情况下，改变电机的转速就和我们的眼睛没什么关系了，而是由电机本身决定的，因为电机不能瞬间实现启动和停止，中间总是需要一个加速或减速的变化过程，如果我们能够用比电机响应时间更短的时间来改变输出 [通过 digitalWrite( )]，那么就能让电机维持在一个中间的速度，这个速度取决于电机启动多长时间以及停止多长时间。

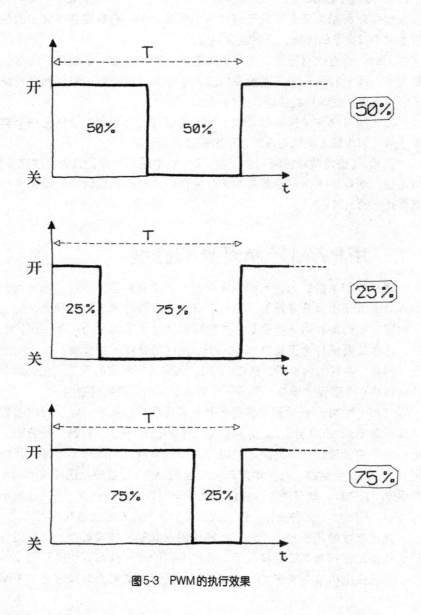

图5-3　PWM的执行效果

这个技巧非常有用，不过你可能会觉得通过调整代码中的延时来控制 LED 的亮度有点不方便。更糟糕的是，当你读取传感器的值、发送串口数据，或做一些其他的任何事时，都会影响 LED 的亮度，因为程序中添加的任何额外代码都会需要时间来执行，而这将会改变 LED 亮灭的时间。

幸运的是，Arduino 使用的微控制器包括了一个称为定时器／计数器的特殊硬件。定时器／计数器独立于微控制器中正在执行的任何程序，单独运行，以保证在程序执行其他操作时有效地控制 LED 闪烁。在 Uno 上，此硬件在引脚 3、5、6、9、10 和 11 上实现。具体来说，一旦正确地设置之后，定时器／计数器就会自动地打开某个引脚一段时间，然后再关闭一段时间，这两个时间可以是不同的，而所有这些都不会影响程序的执行。如果我们绘制出引脚上的电压变化，就会看到这是脉冲宽度的变化；因此，这种技术被称为脉冲宽度调制。

在 Arduino 中，实现 PWM 的函数称为 analogWrite( )，analogWrite( ) 函数需要一个 0 ~ 255 的值，这里 255 表示全亮，0 表示完全熄灭。

比如，代码 analogWrite(9,50) 将使连在 9 脚的 LED 的亮度相当暗，而当代码变为 analogWrite(9,200) 时，则会让 LED 的亮度非常大。如果将电机连接到 9 脚，analogWrite(9,50) 将使电机转动得非常慢，而写入 analogWrite(9,200) 将使电机转动得非常快。

 具有多个 PWM 引脚是非常有用的。比如，你买了一个 RGB LED（一种可以发出不同强度的红、绿、蓝光的 LED），那么就能通过调整不同颜色的亮度值发出任何颜色的光。

让我们试一下吧。按照图 5-4 搭建电路，我们需要一个 LED，任何颜色的都可以，还有一些 220Ω 的电阻[2]。

注意 LED 的正负极，LED 中的电流只能从正极流向负极。较长的引脚是正极或阳极，而图中是右侧的引脚，我们将它连接到了 Arduino 的 9 脚。较短的引脚是负极或阴极，图中是左侧的引脚，连接了一个电阻。

多数 LED 在负极的一侧还有一个切角，如图 5-4 所示。我们可以把这个切角想象成一个减号，这样就容易记了。而且较短的引脚已经减去了一些东西。

就像在"LED 闪烁"那一节提到的，我们需要一个电阻防止 LED 损坏，阻值在 220Ω（红 - 红 - 棕）~ 1000Ω（棕 - 黑 - 红）的都可以。

接着，在 Arduino 中创建一个新的草稿，代码如例程 5-1 所示。也可以从本书的 GitHub 网页上下载这段例程。

2　所有这些零件都包含在前言提到的套件中。

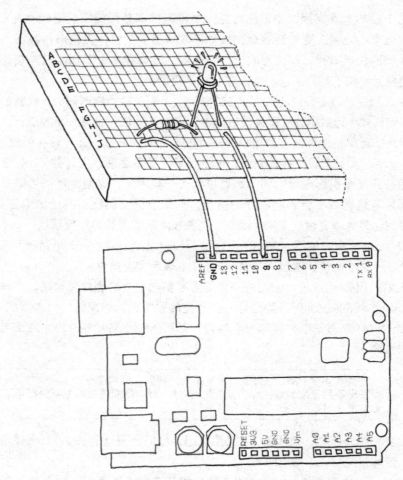

图5-4　LED连接到PWM引脚

例程5-1　逐渐点亮和逐渐熄灭LED，就像休眠中的苹果计算机

```
const int LED = 9; // the pin for the LED
int i = 0;         // We'll use this to count up and down
void setup() {
  pinMode(LED, OUTPUT); // tell Arduino LED is an output
}


void loop(){

  for (i = 0; i < 255; i++) { // loop from 0 to 254 (fade in)
    analogWrite(LED, i);      // set the LED brightness
    delay(10); // Wait 10ms because analogWrite
```

```
            // is instantaneous and we would
            // not see any change with no delay
        }

        for (i = 255; i > 0; i--) { // loop from 255 to 1 (fade out)
            analogWrite(LED, i); // set the LED brightness
            delay(10);           // Wait 10ms
        }
    }
```

将例程 5-1 写入 Arduino 当中。

烧写程序之后，LED 就会先逐渐变亮，然后逐渐变暗。祝贺你！成功实现了一个笔记本电脑的神奇功能。

可能用 Arduino 实现这么简单的功能有些浪费，不过你能从这个例子中学到很多内容。

像我们之前学过的一样，analogWrite( ) 会改变 LED 的亮度。而另一个重要的部分是 for 循环：这个循环会不断地执行 analogWrite( ) 和 delay( ) 函数，不过每次都通过变量 i 在函数中使用不同的参数值。

第一个 for 循环开始时变量 i 的值为 0，然后逐渐增大到 255，此时 LED 的亮度最大。

第二个 for 循环开始时变量 i 的值为 255，然后逐渐减小到 0，此时 LED 完全熄灭。

在第二个 for 循环之后，Arduino 又会重复执行 loop( ) 函数。

delay( ) 函数只是为了让我们能够看清 LED 变化的过程而添加的延时，否则，这个变化的过程就太快了。

让我们用这段代码来改进我们的台灯吧。

在面包板上增加一个检测按键的电路（回顾一下第 4 章）。你可以试试在阅读下一节之前完成这个电路的搭建，我想让你开始自己思考怎么完成电路搭建，因为这里我们展示的每一个基本电路都像一个积木块，利用这些积木块我们能够实现更庞大的项目。如果你需要看看后面的内容，也没关系，最重要的是你要花些时间想想这是如何实现的。

搭建这个电路，你需要考虑如何在刚搭建的电路（如图 5-4 所示）中融入图 4-5 所示的按键电路。如果你喜欢，一种简单的方法就是直接在面包板的不同区域分别搭建这两个电路，空间够用。

附录 A 中会有更多关于面包板的知识。

如果你还没准备自己去尝试一下，别担心，按图 4-5 和图 5-4 所示将电路连到 Arduino 上就好。

接着来看下一个示例，如果我们只有一个按键，如何控制台灯的亮度呢？这时需要学习另外一种交互设计技术：检测按键按下的时间。具体地，我们需要在第4章的例程4-5中添加调光的部分。我的想法是建立一个交互的形式，"按下 - 松开"这个动作控制灯的开关，而"按住不放"这个动作调节光的亮度。

代码见例程5-2，当按键按下的时候，LED点亮，而且在按键松开后也不会熄灭。如果一直按住按键，那么亮度开始变化。

例程5-2　在按住按键时改变LED的亮度的代码

```
const int LED = 9;       // the pin for the LED
const int BUTTON = 7;    // input pin of the pushbutton

int val = 0;         // stores the state of the input pin

int old_val = 0; // stores the previous value of "val"
int state = 0;    // 0 = LED off while 1 = LED on
int brightness = 128;         // Stores the brightness value
unsigned long startTime = 0; // when did we begin pressing?

void setup() {
  pinMode(LED, OUTPUT);     // tell Arduino LED is an output
  pinMode(BUTTON, INPUT); // and BUTTON is an input
}

void loop() {

  val = digitalRead(BUTTON); // read input value and store it
                             // yum, fresh

  // check if there was a transition
  if ((val == HIGH) && (old_val == LOW)) {

    state = 1 - state; // change the state from off to on
                       // or vice-versa

    // remember when the button was last pressed)
    startTime = millis(); // millis() is the Arduino clock
                          // it returns how many milliseconds
                          // have passed since the board has
                          // been reset.
```

```
      delay(10);    // wait a bit so we can see the effect
  }

  // check whether the button is being held down
  if ((val == HIGH) && (old_val == HIGH)) {

      // If the button is held for more than 500ms.
      if (state == 1 && (millis() - startTime) > 500) {

          brightness++; // increment brightness by 1
          delay(10);     // delay to avoid brightness going
                         // up too fast

          if (brightness > 255) { // 255 is the max brightness

            brightness = 0; // if we go over 255
                            // let's go back to 0
          }
      }
  }

  old_val = val; // val is now old, let's store it

  if (state == 1) {
    analogWrite(LED, brightness); // turn LED ON at the
                                  // current brightness level

  } else {
    analogWrite(LED, 0); // turn LED OFF
  }
}
```

现在试一下。你能直观地感受到这种交互形式。如果你按下按钮之后马上松开，就能控制台灯的开关；如果你按住按钮不放，亮度就会改变，当亮度满足你的需求之后放开按钮就好了。

我们之前建议你对电路多思考一下，同样地建议你花些时间理解一下这个程序。

可能下面这句是最不好理解的。

```
if (state == 1 && (millis() - startTime) > 500) {
```

这一行会检测按键按下的时间是否超过 500ms，关键的函数是 millis()，它能够告诉你程序运行的时间，单位是毫秒。当我们按下按键时，将当时的时间保存在变量 startTime 中，通过与当前时间的比较我们就能知道按下了多长时间。

当然，这需要在按键按下的时候检测，这就是为什么在这一行的开头要判断 state 的值是否为 1。

如你所见，开关是一个非常强大的传感器，尽管它如此简单。现在我们再学习一下其他的传感器如何使用吧。

5.3 使用光敏传感器代替按键

现在我们利用图 5-5 所示的光敏传感器，又叫光敏电阻[3]来做一个有趣的实验。

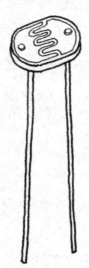

图5-5 光敏电阻

就像元器件的名字所表示的，光敏电阻（LDR）是一种受光影响的电阻。在阴暗的地方 LDR 的阻值非常高，但是当用一束光照射它时，阻值下降得非常快，相当于一个良好的导体。所以这是一种光控制的开关。

搭建一个图 4-5 所示的电路（见第 4 章的"使用按键控制 LED"），然后烧写例程 4-2 中的代码。按下按键看看整个电路是否正常工作。

现在只要小心地拿掉按键，在相应的位置插上 LDR，LED 就会亮起来。用手盖住 LDR，LED 就会熄灭。

你刚刚搭建了你的第一个传感器控制的 LED，这很重要，因为在本书中这是你第一次使用真正的能够感知环境的电子器件，而不是简单的机械装置。实际

---

3 光敏电阻包含在前言提到的套件中。

上，这只是使用 LDR 的一个很小的例子。

5.4　模拟输入

之前的章节我们介绍过，Arduino 能够通过函数 digitalRead( ) 检测引脚上是否有电压，这种形式对于很多开关型的应用来说非常合适，不过我们刚刚使用的光敏传感器不仅能告诉我们是否有光照，还能告诉我们光照的强度。这是开关型的数字传感器（告诉我们有或者没有）和模拟传感器的本质区别，模拟传感器会告诉我们有多少量。

为了读取这种类型的传感器，我们需要使用 Arduino 上特殊的引脚。

像图 5-6 一样将 Arduino 倒过来。

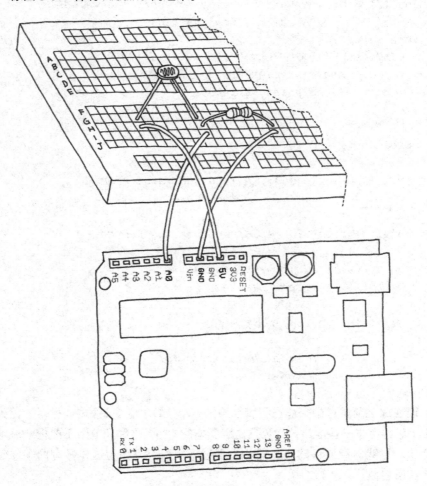

图5-6　模拟传感器电路

在控制板的左上角，你能看到 6 个标记有 Analog In 的引脚（即图中的 A0 ～ A5）；这就是那些特殊的引脚，它们不仅会告诉你引脚上是否有电压，而且能通过函数 analogRead( ) 测量具体的电压值。函数 analogRead( ) 返回的是 0 ～ 1023 的一个值，对应的电压值是 0 ～ 5V。比如说，如果模拟引脚 0 上的电压是 2.5V，则 analogRead(0) 的返回值是 512。

如果你现在按照图 5-6 搭建电路，使用一个 10kΩ 的电阻，运行例程 5-3，那么你将看到板载 LED 闪烁的频率随着传感器上光照强度的不同而变化。

例程5-3　根据模拟输入的值改变LED闪烁的频率

```
const int LED = 13; // the pin for the LED

int val = 0;   // variable used to store the value
               // coming from the sensor
void setup() {
  pinMode(LED, OUTPUT); // LED is as an OUTPUT
  // Note: Analogue pins are
  // automatically set as inputs
}

void loop() {

  val = analogRead(0); // read the value from
                       // the sensor

  digitalWrite(LED, HIGH); // turn the LED on

  delay(val); // stop the program for
              // some time

  digitalWrite(LED, LOW); // turn the LED off

  delay(val); // stop the program for
              // some time
}
```

现在像之前做过的一样在引脚 9 添加一个 LED，电路如图 5-4 所示。因为面包板上已经有了一些电路，你需要注意新增的 LED、导线和电阻不要把 LDR 电路挡住了。可能你需要移动一些器件，不过不用担心，因为这样做有助于你理解电路和面包板。

当你在 LDR 电路中添加了 LED 时，将例程 5-4 的程序烧写到 Arduino 当中。

例程5-4 根据模拟输入的值改变LED的亮度

```
const int LED = 9;  // the pin for the LED

int val = 0;    // variable used to store the value
                // coming from the sensor

void setup() {

  pinMode(LED, OUTPUT); // LED is as an OUTPUT

  // Note: Analogue pins are
  // automatically set as inputs
}

void loop() {

  val = analogRead(0); // read the value from
                       // the sensor
  analogWrite(LED, val/4); // turn the LED on at
                           // the brightness set
                           // by the sensor

  delay(10); // stop the program for
             // some time
}
```

一旦程序开始运行，就能通过遮挡或露出LDR来观察LED亮度的变化。

像之前一样，试着理解一下代码，这段程序真的非常简单。事实上比之前两个例程都简单。

我们设置LED的亮度时将变量 val 除以了4，这是因为 analogRead( ) 函数返回的值最大是 1023，而 analogWrite( ) 函数的参数值最大是 255。这样做是因为我们总是希望尽可能精确地获取模拟传感器的值，而我们的眼睛是无法检测到LED亮度更细微的变化的。如果你想知道为什么 analogRead( ) 没有返回更大范围的数值，那是因为这会占用微控制器核心硅片上的更多空间，占用这些空间就会牺牲微控制器其他的一些功能。设计微控制器总是在性能、空间、热量、成本和引脚数量之间进行仔细地平衡。

5.5 试试其他的模拟传感器

光敏电阻是一种非常有用的传感器，但是 Arduino 不能直接读取电阻值，图5-6

中的电路能够将 LDR 的电阻值转换成 Arduino 可读取的电压值。

这种电路适用于任何阻性传感器，有很多传感器都是这种类型，比如测量力的大小的传感器、测量拉伸长度的传感器、测量弯曲程度的传感器和测量热量的传感器。举例来说，你能够连接一个热敏电阻，根据温度来改变 LED 的亮度，而不是通过 LDR。

> 如果你使用了一个热敏电阻，要注意你的读数与实际温度没有直接的联系。假如你需要一个确切的温度值，那么就需要首先在确定实际温度的情况下读取模拟引脚的返回值。在将一系列这样的测量结果通过表格列出来之后，找出模拟量与实际温度的转换关系。或者你可以直接使用一个数字温度传感器，比如模拟元器件 TMP36。

到目前为止，我们都是使用 LED 作为输出设备。如通过判断 LED 的亮度来测量温度是很困难的。如果我们能直接得到 Arduino 从传感器获取的值岂不是更好？我们可以通过 LED 的闪烁来用莫尔斯码表示这个值，不过还有一种更简单的方法，就是让 Arduino 把信息发送出来。使用我们为 Arduino 烧写程序的 USB 线就可以达到这个目的。

5.6　串行通信

我们在本书的开始学到过 Arduino 有一个 USB 端口连接计算机，IDE 可以通过这个端口给微控制器烧写程序。更强大的是当程序烧写完成并开始运行后，草稿还能够通过这个端口与计算机之间收发信息。在草稿中是通过串口对象实现这个功能的。

在 Arduino 编程语言中，对象是为了方便使用而将一些相关的功能函数组合在一起的一个集合，串口对象允许我们通过 USB 连接与计算机通信。你可以将串口对象看成一种向 Arduino 发送消息或从 Arduino 接收消息的方式，一次一个字符。当然，串口对象包含很多复杂的东西，不过我们不需要去了解这些，我们只需要知道如何使用串口对象就好了。

在下面这个例程中，我们会使用上一个包含光敏电阻的电路，不过这里不是控制 LED 的亮度，而是给计算机发送函数 analogRead() 获取的值。新建一个草稿输入例程 5-5，也可以在本书的 GitHub 网页上下载这段例程。

例程5-5　获取模拟输入0的值并发送给计算机

```
const int SENSOR = 0;  // select the input pin for the
                       // sensor resistor


int val = 0; // variable to store the value coming
```

```
                      // from the sensor

void setup() {

  Serial.begin(9600); // open the serial port to send
                      // data back to the computer at
                      // 9600 bits per second
}

void loop() {

  val = analogRead(SENSOR); // read the value from
                            // the sensor

  Serial.println(val); // print the value to
                       // the serial port

  delay(100); // wait 100ms between
              // each send
}
```

当把代码烧写到 Arduino 之后，你可能会觉得什么也没有发生。其实，Arduino 已经开始正常工作了：它正忙着读取光敏传感器的值，并且在给计算机发送消息。问题是计算机上没有显示任何信息。

这时我们需要打开 Arduino IDE 中的串口监视窗。

串口监视窗的按钮在 Arduino IDE 的右上角，图标看起来像一个放大镜，就好像在检测 Arduino 与计算机之间的通信。

单击串口监视窗按钮打开窗口，就会看到窗口底部在不断地弹出数字。用手遮挡光敏电阻观察数字的变化。注意这个数字是永远不会小于 0 的，同时也永远不会大于 1023，这是函数 analogRead() 返回值的范围。

Arduino 与计算机之间的串口通信打开了一个全新的世界，让我们看到了很多的可能性。有很多编程语言都允许我们编写一个程序与串口进行通信，这样这些程序就能和 Arduino 对话了。

Processing 语言是 Arduino 的一个特别好的补充，因为两者的语言和 IDE 非常像。在第 6 章的"编程"中你还能学到更多关于 Processing 的内容，Arduino IDE 中也包含了一些例程，比如 File → Examples → 04.Communication → Dimmer 和 File → Examples → 04.Communication → Graph。另外在网上我们还能找到更多的例子。

5.7 驱动较大功率的负载（电机、灯泡等）

Arduino 控制板上的每一个引脚只能带动一些电流非常小的设备，比如 LED。如果你试图驱动一些较大功率的负载，比如电机或白炽灯，本身的引脚就带不起来了，可能还会永久地损坏微控制器，这可是 Arduino 的核心。

为安全起见，通过 Arduino I/O 口的电流最好限制在 20mA。

不过不用担心，有一些简单的技术能让我们控制这些设备，使它们得到更大的电流。这个技巧有点像使用杠杆和支点撬起一个重物。将一个长杆放在一个石头下面，然后将支点放在长杆下方靠近石头的位置，当我们把较长的一端向下压时，较短的一端就能获得更大力量，撬动石头。我们施加了一个较小的力，杠杆就会给石头施加一个较大的力。

在电子领域，其中一个能实现这种功能的元器件叫作 MOSFET，MOSFET 是一个能够用小电流控制的电子开关，而元器件本身能够控制较大的电流。MOSFET 有三个引脚，你可以把 MOSFET 看成两个引脚（源极和漏极）之间的一个开关，而控制这个开关的是第三个引脚（栅极）。这有点像灯的开关，栅极就是我们控制灯亮灭时拨动的部分。灯的开关是机械的，所以能用手指来控制它，而 MOSFET 是电子的，所以能用 Arduino 的引脚来控制。

MOSFET 的意思是"Metal-Oxide-Semiconductor Field-Effect Transistor（金属 - 氧化物半导体场效应晶体管）"。这是一个利用场效应原理工作的特殊类型的晶体管。这意味着当在栅极施加一个电压的时候，电流就会从半导体材料的源极和漏极之间流过。栅极和其余的部分是通过金属氧化物绝缘的，不会有电流从 Arduino 流进 MOSFET，使用起来非常简单。MOSFET 是频繁开关大功率负载的理想之选。

在图 5-7 中，你能看见如何利用 IRF520 这样的 MOSFET 驱动电机控制风扇的转动。在这个电路中，电机实际上是从 Arduino 控制板的 VIN 取电，这个电压在 7V 到 12V 之间。使用 MOSFET 的另一个好处是：它允许我们使用与 Arduino 的 5V 不同的电压来控制设备。

带白道的黑色元器件是二极管，它在电路中是用来保护 MOSFET 的。

MOSFET 可以非常方便地快速接通和断开，这样我们就依然能够使用 PWM 通过 MOSFET 来控制灯泡或电机。在图 5-7 中，MOSFET 连接到引脚 9，所以我们可以使用 analogWrite() 通过 PWM 来控制电机的速度。[记住，只有引脚 3、5、6、9、10 和 11 可以使用 analogWrite()。]

为了搭建电路，我们需要一个 MOSFET IRF520 和一个二极管 1N4007。如果当我们烧写程序时电机随机地转动，那么在 9 脚和 GND 之间连接一个 10kΩ 电阻。

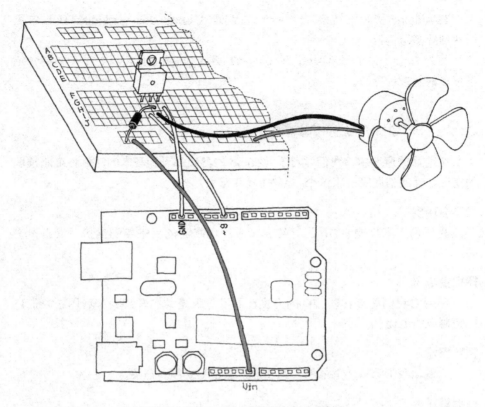

图5-7　在Arduino上搭建的电机驱动电路

在第8章中我们将了解关于继电器的内容，这是另外一种能提供更大电流的控制设备。

5.8　复杂的传感器

我们将那些不能简单地通过函数 digitalRead( ) 或 analogRead( ) 来读取信息的传感器定义为复杂的传感器。这类传感器内部通常包含一个完整的电路，可能还会有自己的微处理器。这样的传感器有数字温度传感器、超声波测距传感器、红外测距传感器和加速度传感器等。它们之所以复杂，原因之一可能是需要提供更多的信息或更高的精度。比如，一些传感器有唯一的地址，所以我们可以在同样的导线上连接很多的传感器，然后逐一询问每一个传感器，让它们报告自己的数据。

幸运的是，Arduino 提供了多种读取这些复杂的传感器的机制。在第8章你会看到一些这样的方式：在"测试实时时钟（RTC）"中读取当前实时的时间，还有在"测试温湿度传感器"中读取温度和湿度值。

在 Arduino 网站上搜索"tutorials"，或是在 Community → Project Hub 中可以找到更多示例。

另外 Tom Igoe 的《Making Things Talk》第 3 版 (O'Reilly 出版社) 一书中介绍了更多的复杂传感器。

5.9 Arduino字母表

在前面的章节中，我们学习了 Arduino 的基础知识和基本的功能性电路模块的搭建。让我们回顾一下这个"Arduino 字母表"。

数字量输出

我们用它来控制 LED，另外结合相应的电路还能用来控制电机、发出声音等。

模拟量输出

利用它我们能够控制 LED 的亮度，而不仅仅是控制开和关。利用它我们还能控制电机的速度。

数字量输入

它能让我们读取传感器的开关状态，像按键或倾斜开关。

模拟量输入

利用它我们能够从传感器得到开关状态之外更多的信息，如电位器，它可以告诉我们它旋转的角度大小，而光敏传感器能够告诉我们光线的强度。

串口通信

利用它我们能够与计算机通信，两者可以相互交换数据或是简单地监测 Arduino 中的程序运行到了哪里。

现在你已经学会了字母表，我们可以开始写"诗"了！

6　Processing 与 Arduino 灯

　　在这一章中，我们将把我们之前所学的内容综合在一起来完成一个项目，把一个一个单独的例程组合成一个复杂的项目。

　　这个作品是我作为设计师想出来的。我们将完成的是我最喜欢的意大利设计师 Joe Colombo 设计的 21 世纪经典版本的台灯。这个作品的灵感来源是在 1964 年设计的一盏叫 "Aton" 的灯。

——Massimo

　　如图 6-1 所示，灯是一个简单的球体，被安装在底座上，底座上有个大洞，可以防止球体滚下来，这种设计允许你将台灯面向不同的方向。

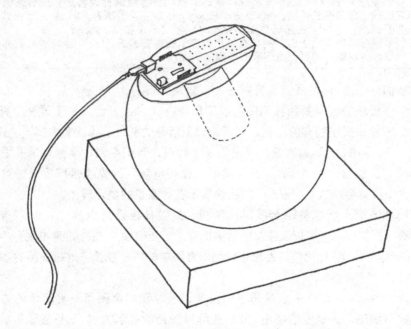

图6-1　完成的台灯

　　在功能方面，我们想搭建一个能够联网的设备，通过网络获取当前 Make 博客上的文章列表，统计其中提及 "peace" "love" 和 "Arduino" 的次数。根据这些数值我们生成一种颜色，然后显示在台灯上。这个灯除本身有一个开关按钮之外，还能通过光线传感器自动开关。

6.1　计划

让我们来看看我们要实现的功能，以及我们都需要什么。首先，我们需要 Arduino 能够连接网络，因为 Arduino 控制板只有一个 USB 接口，我们无法直接联网，所以要想想如何将两者连接起来。通常大家会在计算机上运行一个能够联网的程序，处理数据，然后在 Arduino 之间进行一些简单必要信息的传输。

Arduino 是一个小型计算机，它只有很小的存储空间，无法轻松地处理大文件。当我们连接到一个 RSS 资源的时候，需要获取一个非常冗长的 XML 文件，而这会占用很大的 RAM 空间。而笔记本电脑或台式机的 RAM 空间很大，非常适合执行这样的工作，所以我们会在计算机上利用 Processing 语言完成一个代理的应用程序来简化 XML。

Processing

Arduino IDE 是由 Processing 修改而来的。我们很喜欢这种语言，并用它来教初学者学习编程构建漂亮的代码。Processing 和 Arduino 是完美的组合。Processing 的另一个优点是开源的，它可以在所有主流的平台（Mac、Linux 和 Windows）上运行，同时它还可以生成在这些平台上运行的独立应用程序。更重要的是，Processing 的社区非常活跃，也非常有帮助，你可以找到数千个预制的例程。

我们可以在 Processing 官方网站上下载 Processing。

这个代理的程序要为我们完成以下任务：从 Makezine 网站下载 RSS 资源并从 XML 文件中提取所有的单词。然后，浏览所有的单词，统计其中提及"peace""love"和"Arduino"的次数。通过这 3 个数值，我们生成一个颜色值并发送给 Arduino。反过来，在 Arduino 的代码中，会将测量到的光线强度值发送给计算机，这个数值会通过 Processing 的代码显示在计算机的显示屏上。

硬件方面，我们将融合按键的例程、光敏传感器的例程、PWM 控制 LED 的例程（要乘以 3！）以及串口通信的例程。当我们按照"6.3 搭建电路"中的内容构建电路时，看看我们是否能够识别出电路中的每一部分，这是典型的项目制作方式。

因为 Arduino 是一个非常简单的设备，所以我们需要用一种简单的方式对颜色进行编码。这里我们使用 HTML 中标准颜色的表示方式：# 号后面跟着 6 个十六进制的数字。

十六进制非常方便，因为一个 8 位的二进制数字只需要用两个十六进制字符就能表示；而十进制中需要 1 ~ 3 个字符。可预知性也会使代码变得简单：当我们见到 # 之后再读取 6 个字符放在缓存中（用来临时保存数据的变量）。最终，我们将每组的两个字符转换成一个表示亮度的字节对应到 3 个 LED 中的一个。

6.2 编程

这里我们要完成两个草稿：Processing 的草稿和 Arduino 的草稿。例程 6-1 是 Processing 的草稿，我们也可以在本书的 GitHub 网页上下载这段例程。

例程 6-1 部分代码的灵感来自 Tod E. Kurt 的博客。代码略，请在公众号"信通社区"回复"Arduino"获取相关资源。

Processing 草稿正常运行之前我们还需要做一件事：确认与 Arduino 通信的串口端口的使用是否正确。我们需要等到完成 Arduino 的电路并烧写代码之后才能确认这一点。在某些系统中，Processing 的草稿能很好地运行，但是，如果发现 Arduino 电路没有任何变化，而且在屏幕上也没有看到光敏传感器的任何信息，那么在 Processing 草稿中找到标注 IMPORTANT NOTE（重要说明）的地方，并按照提示完成修改。

 如果你使用的是 Mac，那么你的 Arduino 很可能对应的是列表中最后一个串口。如果这样，你可以将 Serial.list( )[0] 中的 0 替换成 Serial.list( ).length−1。从串口列表的长度中减 1 是因为数组的序号是从 0 开始的，而列表的长度是从 1 开始算的，因此需要从实际的索引中减 1。

例程 6-2 是 Arduino 的草稿，也可以在本书的 GitHub 网页上下载这段例程。

例程6-2　Arduino联网台灯（Arduino草稿）

```
const int SENSOR = 0;
const int R_LED = 9;
const int G_LED = 10;
const int B_LED = 11;
const int BUTTON = 12;

int val = 0; // variable to store the value coming from the sensor

int btn = LOW;
int old_btn = LOW;
int state = 0;
char buffer[7] ;
int pointer = 0;
byte inByte = 0;

byte r = 0;
```

```
byte g = 0;
byte b = 0;

void setup() {
  Serial.begin(9600);  // open the serial port
  pinMode(BUTTON, INPUT);
}

void loop() {
  val = analogRead(SENSOR); // read the value from the sensor
  Serial.println(val);      // print the value to
                            // the serial port

  if (Serial.available() > 0) {

    // read the incoming byte:
    inByte = Serial.read();

    // If the marker's found, next 6 characters are the colour
    if (inByte == '#') {

      while (pointer < 6) { // accumulate 6 chars
        buffer[pointer] = Serial.read(); // store in the buffer
        pointer++; // move the pointer forward by 1
      }

      // now we have the 3 numbers stored as hex numbers
      // we need to decode them into 3 bytes r, g and b
      r = hex2dec(buffer[1]) + hex2dec(buffer[0]) * 16;
      g = hex2dec(buffer[3]) + hex2dec(buffer[2]) * 16;
      b = hex2dec(buffer[5]) + hex2dec(buffer[4]) * 16;

      pointer = 0; // reset the pointer so we can reuse the buffer

    }
  }

  btn = digitalRead(BUTTON); // read input value and store it
```

```
// Check if there was a transition
if ((btn == HIGH) && (old_btn == LOW)){
  state = 1 - state;
}


old_btn = btn; // val is now old, let's store it


if (state == 1) { // if the lamp is on

  analogWrite(R_LED, r);   // turn the leds on
  analogWrite(G_LED, g);   // at the colour
  analogWrite(B_LED, b);   // sent by the computer
} else {

  analogWrite(R_LED, 0);   // otherwise turn off
  analogWrite(G_LED, 0);
  analogWrite(B_LED, 0);
  }

  delay(100);                    // wait 100ms between each send
}

int hex2dec(byte c) { // converts one HEX character into a number
  if (c >= '0' && c <= '9') {
    return c - '0';
  } else if (c >= 'A' && c <= 'F') {
    return c - 'A' + 10;
  }
}
```

6.3 搭建电路

图 6-2 展示了如何搭建电路。我们只需要像第 5 章的 "用 PWM 控制灯光的亮度" 一样，把 $220\,\Omega$ 的电阻（红 - 红 - 棕）串在每个 LED 上，然后像 "模拟输入" 一样，使用 $10k\,\Omega$ 的电阻连接一个光敏电阻。

还记得在 "用 PWM 控制灯光的亮度" 一节中我们说过 LED 是有方向的：在这个电路中，阳极（长引脚，正极）靠右；而阴极（短引脚，负极）靠左。图 6-2 还画出了 LED 阴极的切角。

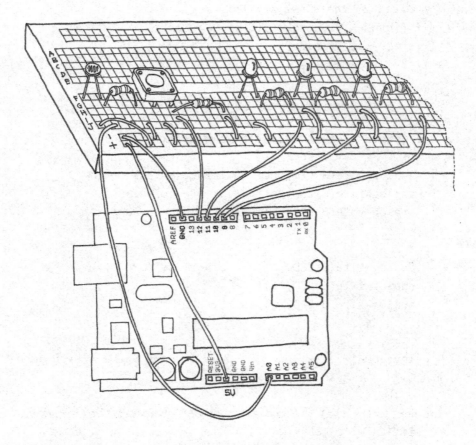

图6-2　Arduino联网台灯电路

　　如图 6-2 所示搭建电路，使用一个红色 LED、一个绿色 LED 和一个蓝色 LED。接着将草稿加载到 Arduino 和 Processing 中，给 Arduino 烧写程序并运行 Processing 看看最终的效果（我们需要按下面包板上的按键把灯打开）。如果你遇到任何问题，请查阅第 11 章的内容。

　　我们可以用一个单独的有 4 个引脚的 RGB LED 代替 3 个独立的 LED。插接的方式和图 6-2 中 LED 连接的方式差不多，只有一个变化：3 个独立的 LED 都需要连接到 GND，而 RGB LED 只需要一个引脚（叫作共阴极）连接到 GND。

　　在 Adafruit 商城中 4 脚的 RGB LED 售价是几美元。与单色 LED 不同，这类 RGB LED 中最长的引脚是连接 GND 的。另外 3 个短的引脚需要连接到 Arduino 的 9、10、11（要串联 220Ω 电阻，就像单色 LED 一样）。

　　Maker Shed 的 Arduino 初学者套件中也有一个 RGB LED。

Arduino 的草稿是为共阴极 RGB LED（最长的引脚连接到 GND）设计的。如果你的输出不对，那么有可能你用的是共阳极 RGB LED。在这种情况下，要将最长的引脚连接到 5V，同时相应的代码也要像下面这样修改一下（基本上是相反的值，即当设置 0 的时候改成设置为 255）。

```
if (state == 1) { // if the lamp is on
    analogWrite(R_LED, 255 - r);//turn the leds on
    analogWrite(G_LED, 255 - g);//at the colour
    analogWrite(B_LED, 255 - b);//sent by the computer
} else {
    analogWrite(R_LED, 255);   // otherwise turn off
    analogWrite(G_LED, 255);
    analogWrite(B_LED, 255);
}
```

现在让我们将面包板放在一个玻璃球中完成最后的搭建。完成这一步操作最简单和最便宜的方式是去 IKEA 买一个 FADO 台灯。现在的售价大概是 19.99 美元 /14.99 欧元 /11.99 英镑（啊，欧洲的奢侈品）。

6.4　如何组装

拆开台灯，将电线从底下取出。我们不再需要将电源线插在墙上了。

我们可以使用一根橡皮筋将 Arduino 和面包板捆在一起，然后如图 6-1 所示用热熔胶将面包板粘在台灯的背面。注意要留一些空间用来插接 LED。

将 RGB LED 贴在原来灯泡的位置，并且将 4 个引脚用导线焊出来。将引出的导线连接到面包板上连接 LED 的位置。如果只焊接一个 GND，能节省一点时间，不管是使用 RGB LED 还是 3 个独立的 LED。

现在找一块木头，木头上要有一个用来固定球体的洞。或是在纸盒上剪一个约 5cm（或 2″）的洞，保证台灯能放在上面。在纸盒内部用热熔胶把每个边加固一下，让底座更加稳固。

将球放在底座上并将 USB 线连接到计算机上。

运行 Processing 代码，按下开关按键，然后观察灯的变化。邀请你的朋友来看看这个神奇的台灯吧！

作为练习，试着增加代码让台灯在光线变暗的时候能自动打开。其他可能的改进如下。

- 增加倾斜开关，当角度变化时，打开或关闭台灯。
- 增加 PIR 传感器，检测周围有没有人，如果没有人，就将台灯熄灭。
- 增加不同的模式，让你能够手动控制灯的颜色，或是在多种颜色中渐变。

发挥你的想象力，动手实践，体验其中的乐趣吧！

7 Arduino 云

Arduino 云是由 Arduino 开发的在线服务，任何人都可以通过浏览器创建和管理连接的设备。服务的主要内容包括以下几个方面。

- Web 编辑器，一个基于浏览器的功能齐全的 Arduino IDE。我们只需要通过浏览器就能够完成 Arduino 代码的编写、编译和烧写。
- IoT Cloud（物联网云），一项可以用最少的代码（现在人们称之为"低代码"）创建、编程和管理连接设备的服务。例如，我们可以轻松地构建一个给植物浇水的设备，这个设备可以用智能手机远程来控制，这样当我们在海滩晒太阳的时候也能控制它。
- Project Hub（项目池），通过社区汇集的数以千计的项目和教程，如果你正准备找一个"大"项目试试，可以先从这里开始。

下面让我们仔细了解一下每项内容。

7.1 Arduino 云 IDE

Arduino 云 IDE（Arduino Cloud IDE，以前称为 Arduino Create）是一个基于云的 Arduino 开发环境，这个开发环境适用于任何现代网络浏览器。非常简单，你可以从世界的任何地方登录这个功能齐全的 Arduino IDE，该 IDE 会将你写的代码存储在云端。如果你使用的是 Chromebook 或者使用多台不同的计算机但希望在任何地方都进行相同的设置，这将特别有用。在紧急的情况下，你可以借用别人的计算机，登录 Arduino 云 IDE 找到你所有的文件和库。云 IDE 的一个优势是 Arduino 草图文件夹还可以存放原理图和布局图。只需在文件夹中保存一个原理图图像 schematic.png 和一个布局图图像 layout.png 即可，它们会在你的 IDE 中显示为单独的选项卡。很简单吧！云 IDE 的另一个优势就是它已经预装了我们已知的每个 Arduino 库（几千个！），这样你就不必再单独花时间寻找库并安装它们了。这些库已经安装了，所以在程序中直接使用即可。如果要使用 Arduino 云 IDE，你只需访问 Arduino Cloud 网站，系统会要求你登录或创建一个 Arduino 账户。进入后的界面如图 7-1 所示，你可以在其中找到你的项目代码和你需要的所有其他东西。

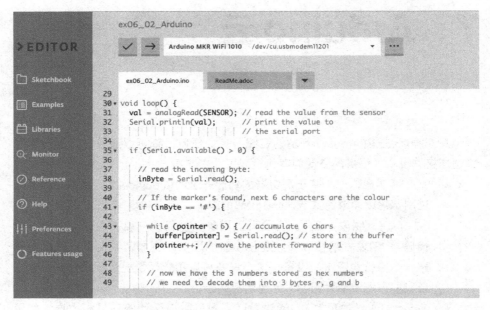

图7-1 Arduino 云IDE界面

如果你使用的是 Arduino IDE 2.0，那么就可以将云端的程序和计算机本地的程序同步（或多或少类似于使用 Dropbox 这类云服务的情况）。如果你是第一次使用云 IDE，还会被要求安装一个非常小的程序：Arduino Create Agent，这个程序会允许你使用的浏览器与串行端口通信，以便可以将你编写的程序烧写到控制板当中。

如果你使用的是 MKR、Nano 33 IoT 这类的控制板，还可以使用一个称为无线更新（OTA）的功能，这个功能允许你通过网络连接将新代码烧写到控制板当中。关于云 IDE 工作原理的详细说明超出了本书范围，这里不再叙述，你可以在 Arduino Cloud 网站找到更多信息。

7.2 Project Hub

Arduino 云的一个非常强大的服务就是"Project Hub（项目池）"，如图 7-2 所示，在这里你可以找到各种 Arduino 控制板的数以千计的教程和项目，涵盖各种主题：从音乐到设备，从智能家居到园艺，从宠物喂食器到机器人。一些项目非常复杂并且有很完整的文档记录，如果你正准备找一个 Arduino 的"大"项目试试，可以先从这里开始。

图7-2 Arduino Project Hub界面

7.3 IoT Cloud

IoT Cloud（物联网云）是一个在线服务，这个服务可以充当设备与移动应用程序、Web 仪表板甚至其他设备之间的桥梁。如果你有兼容 IoT 的 Arduino 控制板或类似的控制板，那么当它们连接到 IoT 云服务的时候将会被检测到，如图7-3所示。

图7-3 将 Arduino 连接到 IoT Cloud 的界面

但是，如果你使用的是类似标准 Uno 这样的不兼容 IoT 的控制板，那么你将收到图 7-4 所示的消息，因此要确保为你的 IoT 项目选择正确的控制板。

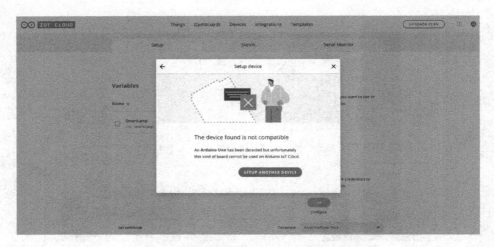

图7-4　不兼容的设备无法在IoT Cloud上运行的界面

假设你刚刚为你的宠物狗制作了一个喂食器，现在想用智能手机来控制它。那么接下来就可以使用带Wi-Fi的Arduino，然后开发一个可以实现简单Web服务器功能的程序（可以在网上找到大量的参考内容），这样当设备连接到你家的Wi-Fi时，你就可以通过手机或计算机来控制这个喂食器了。

现在，如果你出门去购物，那么就会发现你无法再连接到你的设备，因为来自外部的任何连接都会被防火墙阻止。防火墙通常是在你的网络提供商提供的路由器上运行的软件之一。它的工作是让你的设备（计算机、平板电脑、手机、智能恒温器等）在家中能够连接到网络，同时阻止从外部发起的任何连接。这可以保护你的家庭、你的设备和你的个人生活免受恶意网络攻击。

从技术上来说可以在防火墙上开一个"洞"以允许一个特定的连接连到一个特定的设备，但实际上这样做非常麻烦，并且每个"接入点"以不同的方式进行，所以解决这个问题的最佳方法是使用外部服务，该服务接收来自遍布世界各地的所有设备的连接，并让它们相互通信。这就是提供IoT Cloud服务的原因。

Arduino IoT Cloud 的功能

除设备之间的"桥接"之外，Arduino IoT Cloud 还提供了许多有用的功能。

- 仪表板：无须编写任何代码即可监视和控制多个设备的用户界面。只需拖放元素（例如，滑块、按钮或仪表指示器），然后针对不同的元素设定不同的属性，很快你就有了一个工作的仪表板。
- 自动生成代码：当你通过Web界面定义元素的基本特征时，只需要按下一个按钮，就可以使用复杂的逻辑来编写整个程序，以管理与云端的连接。剩下要做的就是添加从传感器读取数据并将数据发送到执行器的代码。与云端通信的其余工作可由Arduino为你生成的代码自动管理。

所有这些都在 Arduino 云 IDE 中，你无须离开浏览器即可完成程序编写。

- 数据记录：Arduino 云能够存储某些变量的历史值，这样你就可以检查某些数量的值是如何随时间的变化而变化的，同时还可以进一步地分析数据。
- 移动应用程序：有一个免费的移动应用程序可通过智能手机让你与你的设备进行交互。
- 集成了 Node-RED：Node-RED 是一种流行的可视化编程工具，许多人通过使用它来完成自己的智能家居项目。Arduino 云提供了一个免费的"节点"，可以使用 Node-RED 让你与你的设备进行交互，并将它们集成到复杂的智能项目中，连接数百个不同的 API。
- Webhook：你可以让 Arduino 云在每次数据更改时将设备的当前状态发送到某个 URL。这将能够让你将项目与 IFTT、Zapier 或 Google Apps 等服务集成。
- API：如果你知道如何使用 Python 或 JavaScript 这样的语言进行编程，那么你可以通过其 API 构建与 Arduino 云交互的应用程序。
- 集成 Alexa：Arduino 云可以与 Amazon Alexa 智能音箱交互，这让你可以通过语音控制你的设备。

你可以在 Arduino Cloud 网站找到更多详细信息。

7.4　Arduino 云计划

Arduino 云对很多用户都是免费的，但如果你希望可以控制很多设备或与其他人共享仪表板，那么你就需要购买计划。Arduino 云计划的起始价格为每月 1.99美元。你可以在 Arduino Official Store 网站查看不同的计划。

8 自动浇灌系统

在第 6 章中，我们通过一个 Arduino 联网台灯的项目综合使用了我们学过的 Arduino 知识。将一些简单的例子融合到一个实际的项目当中是非常有趣的。我们还学习了 Processing 语言相关的内容，并使用 Processing 在计算机上完成了一个代理的程序，而这个程序的功能是 Arduino 不能实现或较难实现的。

这一章我们会再次将一些简单的例子和新的想法融合在一起，完成一个实际的项目。通过这个项目希望你能学到更多关于电子、通信以及编程的知识，而我们对于电路搭建方面的技术会有更多的关注。

这个项目的目标是在不下雨的每一天定时浇水。

 即使你没有花园，依然可以体会这个项目的乐趣。假如你只有一个小盆栽需要浇水，可以用一个小水泵。假如你每天下午 5 点都需要倒一杯好喝的饮料，可以考虑用食品泵代替水泵，比如 Adafruit 就在销售一种硅胶液体泵。

作为一名教授，我教过很多学生制作东西。这些学生有时会认为我在一开始就知道如何完成这个项目，但事实上，设计一个项目是一个不断反复的过程。

——Michael

从一个想法到实现一个项目，要从一个简单的部分开始；当你不断进行下去的时候，有时会对最初的想法作出一些调整。我们经常会花很多时间学习如何让一个新的电路工作，或是理解一个我们之前没有遇到过的编程的概念，再或者提醒自己如何利用一个不常使用的或新的 Arduino 功能。有时我们需要通过课本、网络或咨询他人来解决问题，我们要回顾很多与现在手上这个项目相关的例子、教程和项目。我们要整合很多的知识点，开始的时候可能很简陋，就像科学怪人的怪物，不过我们要看看这些不同的部分是如何在一起工作的。

随着项目的展开，软硬件都会从概念变为原型设计，再到功能测试，这期间我们都会有返工的情况，要对最初的想法作出一些调整，这样才能保证各个部分在一起正常工作。我们知道没有一个工程师能够独立地从一张白纸开始设计整个项目，然后按计划执行到最终完成项目，而这中间没有经过任何修改工作。

以上所说的都是软硬件开发的真实情况。

说了这么多，我的重点是即使你是一个初学者，也可以为设计项目做准备。从你知道的开始，然后慢慢地增加功能。不要害怕去尝试一些不能马上实现的有趣的想法。

> 当我听说一个电子元器件或一个编程的概念或技巧时，如果我觉得它们有意思，我就会尝试一下。即使我没有将它们用在正确的地方，但这个知识已经变成了我的储备。如果你遇到了问题或是碰到不知道的，要记住，即使是专业的工程师也需要花时间学习新的知识。

——Michael

感谢万能的 Arduino 社区，让我们能通过网络得到很多资源，除非你是一个山顶的隐士，否则你能够找到本地的 Arduino 聚会、俱乐部、创客空间、黑客空间，甚至是能够帮到你的某个人。关于如何更好地通过网络获取资源，我们有一些提示，参见"11.11 如何获取在线帮助"。

所以，除在电子、编程和搭建方面我们会教你更多的内容之外，我们还会介绍一些设计的过程。你将看到一些简单的电路原理图或是程序的不断迭代更新，直到我们完成这个项目。即使如此，为了保持这是一本面向初学者的书，我还是跳过了一些迭代步骤。

8.1　计划

像第 6 章一样，我们先来想一下我们要实现什么功能，以及需要什么器材和元器件。

在这个项目中会用到常见的园艺电动阀门，这个在五金商店就能买到。在商店里，你还能买到和阀门配套的电源适配器或变压器。在第 5 章中我们学会了如何使用 MOSFET 控制电机，这同样适用于园艺电动阀门，不过使用交流电的阀门另当别论，因为 MOSFET 只能控制直流电。为了控制交流电，我们需要使用继电器，继电器既能控制交流电也能控制直流电。

 在第 5 章的"驱动较大功率的负载（电机、灯泡等）"一节中，我们学过 MOSFET 是一种晶体管，通过栅极能控制源极和漏极之间的电流。这种情况下，MOSFET 相当于是一个开关。继电器也是一个开关，其内部是靠电磁铁控制的一个微小机械开关，通过控制电磁铁的开关决定是否有电流通过机械开关。

为了知道什么时候开关水阀，我们需要一个类似时钟的器材。我们可以试着在程序中通过 Arduino 内部的定时器来实现，不过这会很麻烦，更糟的是，这

种计时方式并不准确。实际上，有这样一种模块，不但便宜而且 Arduino 使用起来非常简单，它就是实时时钟（RTC）。它与计算机中保存日期和时间记录的设备非常类似，这种设备即使断电很长时间数据也不会丢失。

我们还需要一个传感器告诉我们是不是下雨了，这里我们使用一种廉价易用的温湿度传感器。我们不太需要知道温度，不过能够"免费"得到一个额外的功能还是挺好的。

最后，我们需要一种方式来设置开关的时间，比如一个用户界面。为了能尽快地开始这个项目，我使用串口监视窗当作我的用户界面，当你使用 Arduino 越来越顺畅的时候，可以将用户界面替换成 LCD 液晶和按键。

在开始编程之前，我们需要考虑一下硬件如何连接。我喜欢用功能框图来帮助我梳理一下整个项目需要什么硬件，以及硬件之间如何连接。当然最后你需要知道具体怎样连接，不过在图 8-1 的功能框图中我们只使用一条象征性的连接线表示相互之间的连接关系。

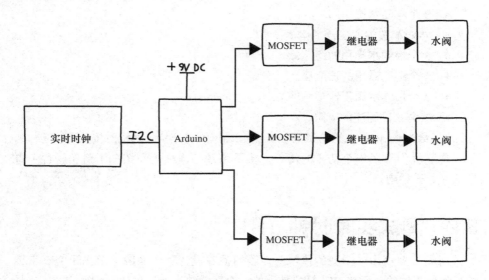

图8-1　显示实时时钟、Arduino、MOSFET、继电器、水阀和电源连接关系的功能框图

图中我们设定有 3 个独立的水阀，不过你可以根据你的情况调整水阀的数量。

这是一个比较高级的项目，我将介绍一些电路搭建的知识。这个项目必须稳定地工作几个月，甚至几年，所以你的目标应该是和简单的例程不同的，例程的目的是让我们理解具体的工作原理。我们之前使用的面包板对于原型和试验非常合适，不过为了稳定我们需要将元器件焊接在原型扩展板上。我们还会让你考虑如何分配功率，有些器件可能会单独供电，比如水阀。我们甚至会考虑如何将整个项目装在盒子里保护起来。

扩展板是插接在 Arduino 接口上提供附加功能的电路板。Arduino 原型扩展板是一个你能够在上面自己焊接电路的特殊扩展板。

对于一个越来越复杂的项目来说，另一个有帮助的措施是需要直观地指示项目运行的状态。这对于问题调试是非常有用的，尤其是当你的项目中有一部分离你较远的时候，比如水阀。我们添加 LED 用于指示水阀是否工作，不要忘了 LED 配套的电阻。

现在我们还有一些细节，我喜欢列一个初步的购物清单。对于复杂的系统，通常都会有一些修改。比如，当我开始编程时，我可能会意识到我需要另外一个部分。（最终包含链接的完整的购物清单见"8.9 浇灌项目购物清单"。）

如果你不知道这些都是什么，不要担心，之后我们会详细介绍它们。

- 实时时钟（RTC）。
- 温湿度传感器。
- 原型扩展板。
- 3 个电动水阀。
- 水阀配套的变压器或电源。
- 3 个控制水阀用的继电器。
- 3 个继电器用的适配座。
- 3 个用作水阀工作指示的 LED。
- 3 个 LED 配套的电阻。
- 给 Arduino 供电的电源（这样当 Arduino 没有连接计算机时依然可以工作）。

现在我们有了一个初步的清单，接下来我将详细地介绍一下每个器件。首先从 RTC 开始吧。

8.2 测试实时时钟（RTC）

当我计划使用一个新的模块时，我习惯在设计整个系统之前先研究一下模块是如何工作的。因为 RTC 是我使用的一个新模块，所以先让我们研究一下。

RTC 模块的核心部分是一个芯片，最常见的是 DS1307。在模块内部有一个晶振，用来正确计时，还有一块电池，在系统断电的情况下它能够保证模块正常运行。相比自己用代码完成这个功能，我们使用众多 RTC 模块中的一个，不仅花销小，还能节约时间。

DS1307 RTC 模块的购买渠道很多，幸运的是，它们的功能和接口都非常相似。我最终选用了 Elecrow 的一款 TinyRTC，如图 8-2 所示。

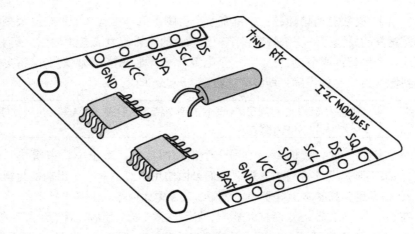

图8-2　TinyRTC实时时钟模块

如果模块中不包括插针，就需要单独购买并焊接它们。插针的购买途径很多，比如 Adafruit 编号为 #392 的产品就包含了很多的插针，能够用在这个项目以及之后的电子制作中。

如果你是第一次焊接，请参考"8.7.3 在原型扩展板上焊接"中的焊接教程。

这个模块使用的接口叫作 I2C，有时也叫作 TWI 或 Wire。Arduino 为 I2C 接口提供了一个内置库（库名就叫 Wire），而 Adafruit 更是提供了 DS1307 的库 RTClib。要安装 RTClib，可以在 Arduino IDE 中执行以下操作。

（1）选择"项目→加载库→管理库"打开库管理器。

（2）在搜索框中输入 RTCLib。

（3）单击 Adafruit 的 RTClib 库的"安装"按钮。

（4）单击"关闭"按钮。

要使用这个库，单击下载 ZIP 文件按钮，然后解压这个文件并放在 Arduino 项目文件夹下的 libraries 文件夹中。

我们可以通过库中的例程来检测库是否安装成功。我们不需要搭建这个电路，在技术上甚至不需要用到 Arduino 控制板。在 Arduino IDE 中，打开"文件"菜单选择"Examples → RTClib → ds1307"来打开一个例程。单击"校验"按钮而不是"烧写"按钮（见图 4-2）。如果收到"编译完成"的信息，那就说明库安装成功了。

安装新的库之后，在我们开始编写自己的程序之前，校验库的正确性以及库所依赖的其他库的正确性是相当明智的。

大多数 Arduino 库都包含例程，因为这些例程基本都是提供库的人写的，所以基本都是正确的。

TinyRTC 模块有两排插针：一排有 5 个引脚，另一排有 7 个引脚。大多数引脚都是重复的，而另外的引脚提供了一些额外的功能。为了测试 RTC，我们只需要关注 4 个引脚：两个 I2C 接口、一个电源、一个地；RTC 必须使用 5V 供电，5V 连接到标号为 VCC 的引脚；地必须连接到 Arduino 的地。

硬件方面，I2C 用到了 Arduino 的两个特殊的引脚（SDA 和 SCL），详细信息可以参照 Arduino Wire 库。

为了快速测试，我们可以使用一个常用的技巧：对于小功率模块，比如 RTC，如果引脚是顺序排列的，那么我们可以使用引脚的数字输出功能为模块供电。I/O 口设置为高基本上等于 5V，而 I/O 口设置为低基本上等于接地。

在 Uno 上，SCL 是 A5，而 SDA 是 A4。除了这两个接口引脚，我们还需要将 VCC 和 GND 连接到任意两个 I/O 口以便提供 5V 和 GND。可以按照图 8-3 所示利用 Arduino 的模拟输入引脚来连接 TinyRTC，我们也可以使用面包板和跳线来完成连接。

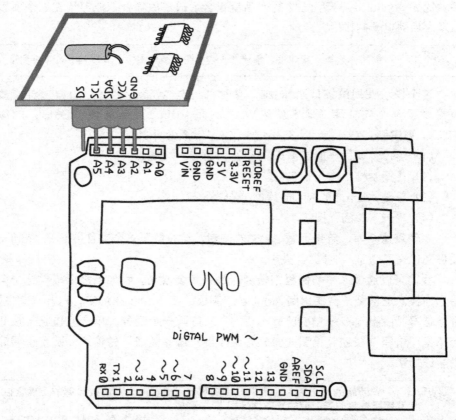

图 8-3　TinyRTC 直接连接到 Arduino Uno 的模拟输入引脚。刻意的偏移量能够让 SCL 连接到 A5，SDA 连接到 A4

注意一些不同的 Arduino 微控制器，I2C 接口（SDA 和 SCL）可能在不同的引脚。因为这个原因，所以现在所有 Uno R3 封装的 Arduino 都使用了新的引脚布局，该布局在 AREF 引脚之后增加了 I2C 引脚，它们是把 I2C 功能引脚单独复制了出来。

模拟输入 A4 和 A5 实现 I2C 通信，而 A2 和 A3 提供电源和地。A3 需要给 RTC 模块的 VCC 引脚提供 5V 电压，所以我们要将该引脚置高，而 A2 要置低以提供地。

现在我们准备开始测试了！在 Arduino IDE 中，打开"文件"菜单然后选择 "Examples → RTClib → ds1307"来打开例程。在编译和烧写程序之前，要记住我们需要将 A2 和 A3 设置为 TinyRTC 的供电引脚。在 setup() 函数的最前面添加如下的 4 条语句。

```
void setup() {
  pinMode(A3, OUTPUT);
  pinMode(A2, OUTPUT);
  digitalWrite(A3, HIGH);
  digitalWrite(A2, LOW);
```

如果你使用的是面包板的连接形式，你需要使用面包线和跳线来连接它们，这样就不用添加这额外的 4 行语句了。你只要确保按照说明正确地连接模块就行。

我们也可以在本书的 GitHub 网页上下载优化后的例程。

这里要注意例程的串口波特率是 57 600baud。

现在我们可以烧写程序了，正确完成之后打开串口监视窗。单击窗口右下角的波特率的选择菜单，选择"57 600baud"，可以看到如下所示的信息。

```
2013/10/20 15:6:22
 since midnight 1/1/1970 = 1382281582s = 15998d
 now + 7d + 30s: 2013/10/27 15:6:52

2013/10/20 15:6:25
 since midnight 1/1/1970 = 1382281585s = 15998d
 now + 7d + 30s: 2013/10/27 15:6:55
```

注意，这里时间和日期可能是错的，不过我们看到秒的时间在增加。如果我们得到的是错误信息，那么请仔细检查 RTC 的连接是否正确，比如，SCL 是否连接到 A5 等。同时再检查 setup() 中 A2 和 A3 的设置是否正确。

要将当前的时间设置到 RTC 当中，可以看看 setup() 函数，在函数结尾的位置能看到下面这条语句：

```
rtc.adjust(DateTime(__DATE__, __TIME__));
```

当这条语句被编译时会获取日期和时间（分别是 __DATE__ 和 __TIME__）来

设置 RTC。当然，这可能会差个一两秒，不过这已经足够准确了。

复制这条语句在 if() 条件之外，比如，只是放在 rtc.begin() 之后。

```
rtc.begin();
rtc.adjust(DateTime(__DATE__, __TIME__));
```

编译烧写程序后，现在打开串口监视窗就将显示正确的日期和时间。

```
2014/5/28 16:12:35
 since midnight 1/1/1970 = 1401293555s = 16218d
 now + 7d + 30s: 2014/6/4 16:13:5
```

当然，如果你的计算机上日期和时间是错误的，这里的显示也不可能正确。

当我们设置了 RTC 的时间之后应该把 rtc.adjust 注释掉（然后更新程序），否则，在我们编译草稿时，时间就会被重置。现在 RTC 就能在几年的时间里不停地计时。

关于这个库和例程的更多信息可以参见 Arduino Library 和代码解析，以及 Adafruit 关于他们 DS1307 模块的教程。

注意，Adafruit 的板子是不同的，不过代码是一样的。

现在我们已经完成了 RTC 的测试，接下来让我们来测试一下继电器。

8.3 测试继电器

我们需要什么样的继电器呢？这取决于水阀需要多大的电流。大多数园艺水阀都是 300mA。这是一个很小的电流，所以我们只需要一个小继电器就足够了。继电器能够在不同的电压下工作；我们使用的是 5V 电压，所以不需要额外的电源。常见的 5V 小继电器如图 8-4 所示。

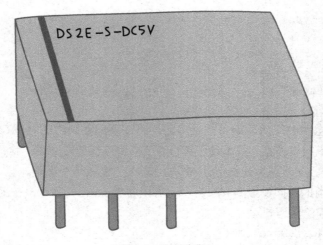

图8-4　5V继电器

我们可以在 Digi-Key 上买到它，也可以通过很多其他的渠道来购买。

基本上所有的电子元器件都有一份数据手册，它是一个介绍元器件详细技术信息的文档。对初学者来说，文档中太多的信息理解起来会有点困难，不过通常你只需要理解其中很小的一部分。随着经验的增长，你将知道什么是重要的，以及如何快速地找到它们。如果你阅读了我们所选的继电器的技术手册，你会看到它能承受 2A、30V 的直流电（DC），或是 1A、125V 的交流电（AC），这对我们来说已经足够了。这个继电器同样兼容我们稍后会用到的像面包板一样的原型扩展板。

当我们想用 Arduino 的输出控制一些东西时，一定要记住 Arduino 的引脚只能输出 20mA 的电流 [见 "5.7 驱动较大功率的负载（电机、灯泡等）"]。如果我们在继电器的技术手册中寻找使用的电流值，那么什么也找不到。不过，我们能找到阻抗。现在我们需要做一些计算，因为知道了继电器的阻抗（125Ω）和 Arduino I/O 口的输出电压（5V），我们就能根据在 "4.9 什么是电" 这一节中介绍过的欧姆定律算出电流值。电压（5V）除以阻抗（125Ω），我们得到电流值为 40mA。

这好像超过了限制，我们需要一个 MOSFET。与 "5.7 驱动较大功率的负载（电机、灯泡等）" 一节中不同的是，我们将使用一个不同的 MOSFET，2N7000。我们可以在 Onsemi 半导体的网站上找到它的技术手册。

像 "5.7 驱动较大功率的负载（电机、灯泡等）" 一节中一样，栅极通过 Arduino I/O 口来控制，源极和漏极作为开关控制继电器。我们需要在购物清单中添加 3 个 2N7000 MOSFET，每个继电器配一个。

为了避免 MOSFET 栅极的浮动，在购物清单中添加 3 个 10kΩ 电阻，每个继电器一个。

当我们给 Arduino 供电或重启 Arduino 时，所有的数字引脚都是作为输入的，直到程序执行 pinMode() 函数将引脚置为输出。这一点很重要，因为在 pinMode() 函数将引脚置为输出之前的这段短暂的时间里，栅极既不是高也不是低：而是浮动的，这意味着 MOSFET 会轻易地打开，导致喷出一点水。虽然在大多数项目中这不会造成什么严重的后果，但解决这个问题是一个负责任的好习惯。像 "5.7 驱动较大功率的负载（电机、灯泡等）" 一节中说到的一样，使用一个 10kΩ 的电阻连在 I/O 口和地之间。10kΩ 不仅是一个足够小的阻抗能保证栅极不会 "浮动"，还是一个足够大的阻抗不会影响我们打开水阀。

这样的电阻我们称为下拉电阻，因为它把栅极的电压 "拉" 到地上。有时在电路中需要连一个电阻 "拉" 到 5V；这种电阻称为上拉电阻。

无论我们控制继电器还是电机，我们都需要添加二极管来保护 MOSFET，消除当继电器关闭时磁场消失产生的反向电压。虽然我们的 MOSFET 有内置的二极管，但这只是一个较小的二极管，所以为了保证它的可靠性，明智的方式是添

加一个额外的二极管。这样，我们的购物清单要再添加 3 个 1N4148（或类似的）二极管。现在，我们还应该加上继电器的型号，因为我们已经确定了要使用哪种类型的继电器。另外再明确一下继电器用的适配座。添加的部分如下所示，我们称为 0.1 版的购物清单。

- 添加 3 个控制继电器的 MOSFET，2N7000。
- 添加 3 个 10kΩ 电阻。
- 添加 3 个二极管，1N4148 或类似的。
- 添加 3 个继电器，DS2E-S-DC5V。

听起来电路是完成了，是吗？这样很难直观地看到所有的元器件之间是如何连接的。

幸运的是，一个额外的巧妙系统能够展示这些信息，它叫作原理图。

8.4　电路原理图

大多数电子电路的完成取决于两点：（1）都用了什么元器件；（2）它们是如何连接的。为了尽可能巧妙地展示这些信息，原理图通过一种示意图的方式直观地展示了电子电路中的元器件和连接关系。

原理图不是为了表明元器件的大小、形状或颜色，也不是为了表明相互之间的物理位置是如何摆放的，因为这些信息都与电路的功能没有直接的关系；相反，原理图是电路具体实现的结构细节。

每个元器件都用功能示意性的符号表示，这种符号能明确地展现该元器件，不过没有任何关于大小、颜色之类的信息。

在某些情况下，原理图的符号看起来非常像它们所表示的元器件，而在另外一些情况下，它们却完全不同。尤其是，Arduino 的原理图符号看起来一点不像 Arduino。从原理图的角度来看，唯一需要与 Arduino 相关联的就是它的那些引脚（电源、输入、输出等）。因此，它被绘制成一个非常简单的方框，而在这个方框的周围只用一些小线段表示和说明各个引脚。

设计电路原理图及各种符号是为了能够尽可能快速、清晰地表现它们的功能，有一些规则已经成为一种大家都遵守的公约。其中最重要的两个规则如下。

- 最低的电压显示在原理图的底部，最高的电压在顶部。通常这意味着 GND 的连接在底部，而 5V（或更高的电压，如果使用）的连接在顶部。
- 信息流是从左往右的。因此传感器和其他输入设备画在左侧，而像电机、LED、继电器、水阀这样的输出画在右侧。如果信息的流向是从 Arduino 到 MOSFET、到继电器再到水阀，那么它们会在原理图中按照从左到右的顺序显示，当你搭建电路时有不同的优先考虑会导致你的布局完全不同。

Arduino 的原理图符号也反映了这些规则：VIN、5V 和 3.3V 在上面，GND 在下面，不同的控制（RESET、AREF 等）在左侧，因为它们是 Arduino 的输入。虽然 Arduino 有 3 个 GND 引脚，不过在原理图符号中只画了一个引脚，因为它们功能是一样的。最后是数字和模拟引脚，它们的位置有点随意，因为它们既能作为输入也能作为输出。

想学习更多原理图的内容请参见附录 D。

现在说回到我们手上的项目：图 8-5 显示了我们讨论的这个电路的原理图。记住，我们的目标是验证我们能够通过 MOSFET 控制继电器（虽然最后的系统中会使用 3 个水阀，这里为了验证计划的可行性，我们只需要检查其中任意一个即可）。

注意继电器原理图符号中引脚旁边的数字，它们非常重要，因为它们会告诉你引脚内部是怎么连接的。这对于理解元器件是否正确连接在电路中至关重要。注意引脚间的距离并不是相等的：引脚 1 和引脚 4 之间的距离要比引脚 4 和引脚 8 之间的距离远。还要注意元器件顶面在引脚 8 和引脚 9 之间有一个黑色条纹。最后，要注意引脚的编号是从底部观看的。

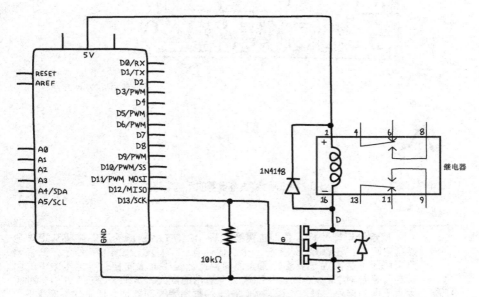

图8-5　Arduino测试继电器的电路原理图

作为参考，图 8-6 是相同的电路在面包板上的实现效果图，这是我们之前使用的展示元器件连接的风格。你可以认为这是一个与图 8-5 相对的示意电路图。

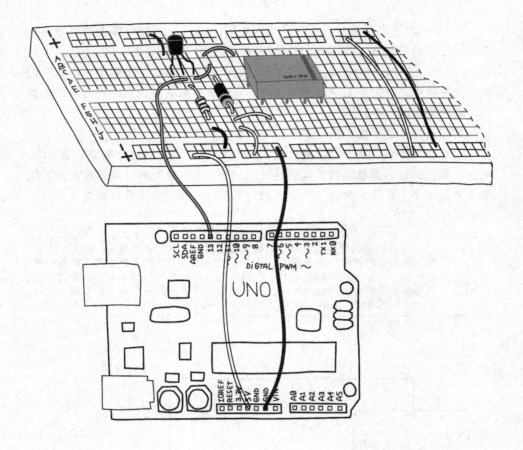

2N7000

S G D

图8-6　Arduino测试继电器的示意电路图

就像继电器一样，我们也需要明确MOSFET各引脚的功能并将其正确地接到电路中。注意MOSFET有一个弧面还有一个平面，如图8-6所示。我们确定引脚顺序的前提是要确定弧面面向自己还是平面面向自己。这里图中的引脚定义是针对2N7000的，并不是一个通用的定义，其他MOSFET的引脚可能会有不同的排序。针对不同的MOSFET你都需要查阅数据手册中的引脚排序。

注意二极管、MOSFET和继电器的连接：二极管是有极性的，MOSFET要明确平面的朝向，而继电器在靠近一端的位置有一个条纹，它们都连接正确，才能保证一切正常工作。

如果你观察图 8-5 并仔细阅读附录 D，会注意到一些元器件符号是对称的，比如电阻、光敏传感器、某些电容，你把它们颠倒过来看是完全一样的。而另外一些元器件，像 LED、二极管、MOSFET，它们是非对称的。电阻、光敏传感器和某些电容是没有极性的，这意味着不管电流是怎样流过这些元器件的，它们的工作形式都是一样的。而像 LED 和二极管这样的元器件是有极性的，这意味着电流从不同的方向流过，元器件的工作形式是不一样的。类似地，MOSFET 的引脚都有非常具体的功能，相互之间不能交换。一般而言，符号对称的元器件都是没有极性的，而符号非对称的元器件都是有极性的，特殊的元器件除外。

一旦我们搭建好电路，那么接下来就是写程序了。测试的时候，我可能仅使用一个 Arduino 内置的例程，因为我知道例程是正确的。对于继电器来说，当它在吸合的时候会发出一个微弱的金属连接的声音，所以如果我们运行 Blink 程序，能不停地听到继电器发出的声音，而这个过程不需要我们写一行代码。

在烧写程序之前，检查草稿中控制 MOSFET 的引脚。如果我们不修改程序，需要将 MOSFET 的控制引脚连到 Arduino 的 13 脚，这是 Blink 例程中程序控制的引脚。这样，当继电器发出声音的同时 LED 也会闪烁。

在烧写程序之前，检查草稿中使用的引脚和实际情况中连接的引脚是否一致是个好习惯。你可能有一个完全正确的程序和一个完美的电路，但是如果程序中使用的引脚与电路中的不符，那么整个项目也不会正常工作，而你还可能要浪费更多时间来查找问题。

如果你没有听见继电器吸合的声音，可以按照第 11 章的内容尝试解决一下。记住，吸合的声音非常微弱，你需要把你的耳朵贴近继电器，同时还需要处在安静的环境中。

现在我们能够添加水阀了，水阀将会通过继电器连接到它自己的电源上。水阀的连接线和电源线可能都是多芯电线，这种电线几乎不可能用在面包板上。当我们使用面包板时可以如图 8-7 所示连接一小段单芯的面板线。

图8-7　使用面包板时可以焊上一小段单芯的面板线

我们需要包裹一些电工胶带或是热缩套管，以防止连接点接触到其他不应该接触的电线。

当你发现一个裸露的金属点时，比如你刚刚焊在一起的地方，或是更长的一段，比如光敏电阻的引脚，甚至一些非电路中的东西，比如螺丝钉，你都需要确保这些裸露的部位不会碰到电路中它们不应该连接的地方。如果它碰到不该连接的地方，这就叫作短路，会使你的项目无法正常工作。为了避免短路，我们通常会使裸露的电线绝缘或是固定裸露的部分让它们无法移动，防止这些地方接触到它们不应该接触的地方。

电工胶带和绝缘胶带是我们比较熟悉的东西，它们都比较常见、价格便宜、易于使用。而更专业的技术手段是使用热缩套管，套管根据裸露电线的长短或连接处的大小被裁成适当的长度，套在裸露的电线处或连接处，用热风枪加热之后，套管就会收缩并紧紧地裹在电线或连接处。

现在你可能会意识到你需要一种连接的方式来完成最终的系统。在众多的连接方式当中，使用图 8-8 所示的高质量的螺钉式接线端子是一个不错的选择。

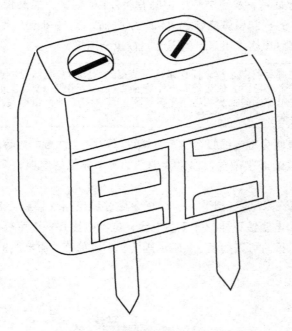

图8-8　2位的高质量的螺钉式接线端子

所以我们需要在购物清单中再添加一项。添加的部分如下所示，我们称为0.2 版的购物清单。

- 4 个 2 位的螺钉式接线端子（每个水阀一对，还有一对是给水阀配套的电源的）。可以在 Jameco 网站上购买，商品编号 1299761。

图 8-9 展示了加上水阀和电源的电路原理图。

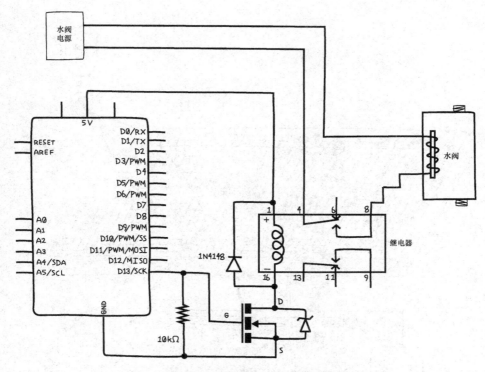

图8-9　测试Arduino控制一个水阀的电路原理图

图 8-10 是相同电路的示意电路图。

　　　　在这两幅图中，水阀和电源的连接顺序发生了改变。我这样做是为了避免图中的导线发生交叉。当通过开关连接一个元器件和相应的电源时，连接顺序无关紧要，只要开关能控制电路的通断就行。

你同样可以使用例程 Blink，应该还能听到继电器吸合的声音。也许你不能听到水阀的吸合声，因为有些水阀只有在内部有水压的时候才会工作。我比较幸运，当整个电路工作时，我的水阀发出了一声响亮的吸合声。

LED 怎么办呢？它们能安装在很多不同的地方：在数字输出，或在 MOSFET 的输出，又或是在继电器的输出。如果可能，我喜欢将 LED 放在较远的点，这样才能检查更多的可能性，所以我把 LED 放在继电器的输出端（如果你愿意，能在上述所有的地方都加上 LED，这样当信号停止的时候，就能非常轻易地知道具体的位置）。

我们应该用多大的电阻呢？这个 LED 将从水阀的电源取电。大多数水阀不是 12V 就是 24V。为了安全起见，我们按照 24V 的系统来设计，如果你的系统是 12V，你可以减小电阻的阻值，或者接受一个较暗的 LED，较暗的 LED 依然是清晰可见的。

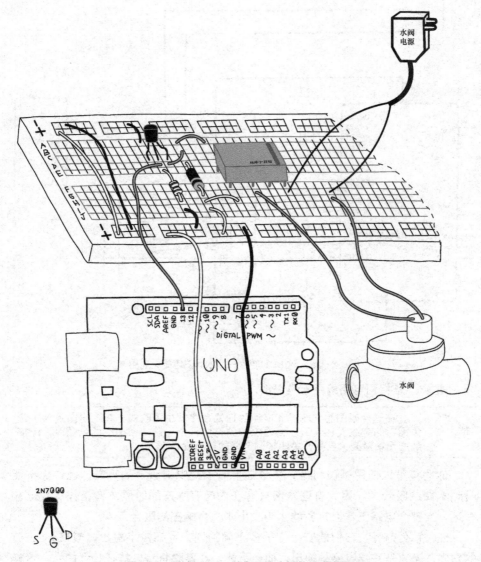

图8-10　测试Arduino控制一个水阀的示意电路图

LED 的电阻＝（外部电压－LED 的电压）/LED 所需的电流

> 如果你不确定用多大的电阻来限制电流，选择一个大阻值的电阻通常是
> 安全的。在阻值很宽的范围内 LED 都是能够发光的，如果它太暗了，你可以
> 再选择较小阻值的电阻。

大多数 LED 的工作电压是 2V，安全电流是 30mA，所以我们需要：R=(24-2)
V/30mA＝733Ω。你可以选一个 1kΩ 的电阻，这会让电流减小，LED 亮度变暗。

不过等一下，在"6.1 计划"这一节中，我告诉你有的水阀使用的是 AC，而随后的"8.4 电路原理图"这一节中，我又告诉你 LED 是有极性的。有极性意味着 LED 的连接要考虑电流的方向，而 AC 意味着电流的方向在不断变化。不会损坏 LED 吧？实际上，LED 能够承受一定量的反向电压，不过如果反向电压太高，LED 就会被损坏。幸运的是，其他二极管能够承受更高的反向电压，所以我们使用另外 3 个 1N4148 来保护 LED，添加部分元器件形成 0.3 版的购物清单。

- 将 1N4148 或类似二极管的数量变为 6。
- 指定 LED 电阻的阻值为 1kΩ。

图 8-11 是添加了 LED 和二极管的原理图。我们已经说过了水阀和水阀电源的极性，不过只有在 DC 系统中才需要注意这些问题。如果你使用的是 AC 系统（这似乎还比较常见），那么就不需要考虑极性的问题了。

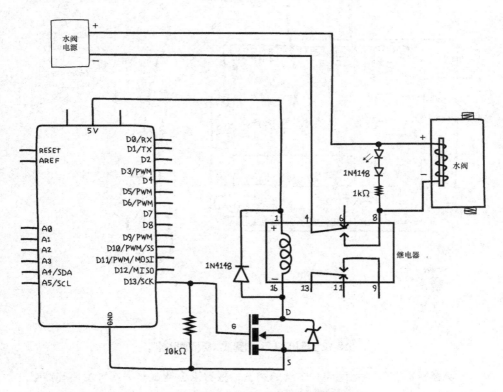

图 8-11　添加了 LED 的测试水阀电路原理图

图 8-12 是示意电路图，我没有标注电阻值，所以要确保按照原理图把正确的电阻放在正确的位置。同时要注意 LED 和二极管的极性——LED 的正极连接到水阀，二极管的正极连到 LED 的负极。

在连接水阀电源之前，再次检查你的连线，尤其是继电器的连接。你不会希望水阀的电源加在 Arduino 上，这肯定会造成损坏。然后再次运行例程 Blink，除能听见继电器和可能的水阀声音之外，你还能看到 LED 闪烁。

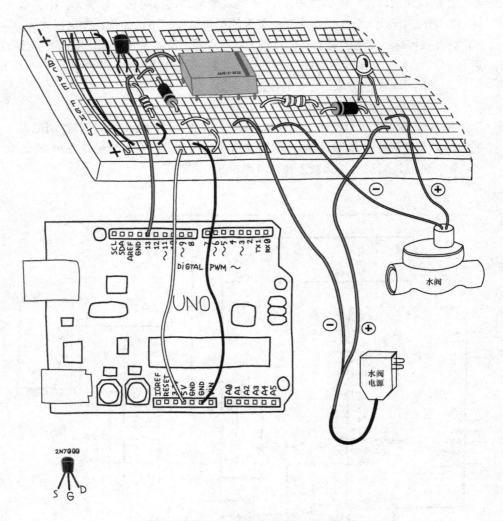

图 8-12　添加了 LED 的测试水阀示意电路图

现在我们完成了继电器和水阀的测试，接着来去测试一下温湿度传感器吧。

8.5　测试温湿度传感器

DHT11 是最常用的温湿度传感器，像 RTC 一样，对于 Arduino 来说，这是一个既便宜又易用的模块。根据其数据手册，DHT11 的连接如图 8-13 所示。注意

DATA 引脚的上拉电阻。

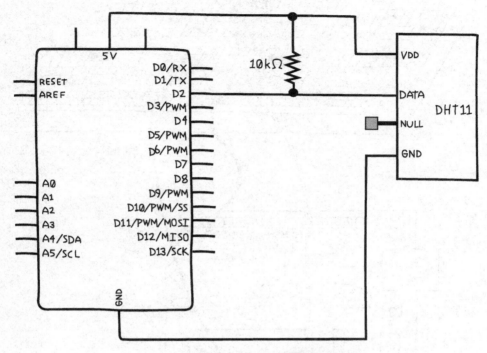

图8-13 测试DHT11温湿度传感器的原理图

因为我们添加的元器件需要一个电阻，所以我们在购物清单中添加一个 10kΩ 的电阻，购物清单新的版本是 0.4。

- 添加一个 10kΩ 电阻（温湿度传感器使用）。

因为需要上拉电阻，所以我们不能使用 RTC 中用过的技巧（直接把模块接在 Arduino 上），而是需要将模块接在面包板上（如图 8-14 所示）。

 　　不管我们是在面包板上搭建电路还是通过其他方式完成电路，对应的原理图是一样的。

我们可以像安装 RTClib 库一样安装 Adafruit DHT11 库。

通过打开例程 DHT 子菜单中的例程 DHTtester 来检查库是否安装正确，单击"校验"按钮（如图 4-2 所示），如果得到"编译完成"的信息，那就说明库安装成功了。

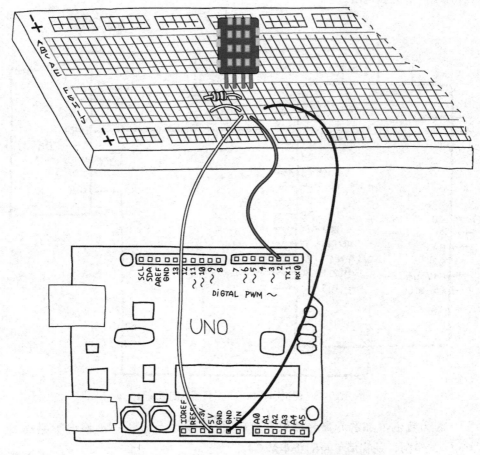

图8-14　测试DHT11温湿度传感器的示意电路图

在我们给 Arduino 烧写程序之前，要注意例程中支持 3 种不同的 DHT 传感器模块：DHT11、DHT21 和 DHT22。为了选择正确的模块，将常量 DHTTYPE 定义为 DHT11、DHT21 或 DHT22。

```
// Uncomment whatever type you're using!
//#define DHTTYPE DHT11     // DHT 11
#define DHTTYPE DHT22       // DHT 22  (AM2302)
//#define DHTTYPE DHT21     // DHT 21  (AM2301)
```

注意在上面的代码中 DHT11 和 DHT21 是被忽略的，因为双斜杠表示注释，或是按照程序员的说法，这些行是注释掉的。因为这里你使用的是 DHT11，所以你需要注释掉 DHT22，然后取消 DHT11 的注释。

```
// Uncomment whatever type you're using!
#define DHTTYPE DHT11     // DHT 11
```

```
//#define DHTTYPE DHT22     // DHT 22  (AM2302)
//#define DHTTYPE DHT21     // DHT 21 (AM2301)
```
在这段代码中，DHT22 和 DHT21 这两行没有任何作用，不过它们会提醒我们这个库支持 3 种传感器，并告诉我们如何指定一种使用的传感器。

 你可能遇到了另外一种常量：常变量。虽然它的名字有点奇怪，但它其实是非常重要和有用的。

变量（比如一个整数）、常变量和宏定义之间的关系有点微妙，还有点复杂。广义上来说，常变量会占用一点 Arduino 的存储空间，并只在自己的作用域里起作用。相比而言，宏定义不会占用任何存储空间，而且作用域是全局的。

作为一般通用的规则，你最好避免使用宏定义。通常只有在库需要它们的时候才使用。

你可以在 Arduino 的网站上了解更多关于宏定义、const 关键字和变量作用域的内容。

一旦你定义好了正确的 DHT 传感器，在检查了草稿中使用的引脚是否与实际连接传感器的引脚一致后，就可以烧写 DHTtester 程序到你的 Arduino 当中了，然后打开串口监视窗，你将看到如下的信息。

```
DHTxx test!
Humidity: 47.00 % Temperature: 24.00 *C 75.20 *F Heat index:
77.70 *F
Humidity: 48.00 % Temperature: 24.00 *C 75.20 *F Heat index:
77.71 *F
```

你可以通过轻轻地呼气来检测湿度传感器。你的呼气应该会使湿度值上升。你还可以试试用手指接触传感器让温度值上升，不过因为你接触的是传感器外面的塑料盒子，而不是传感器本身，所以可能无法提高太多的温度。

现在你调试完了所有的元器件，接下来可以开始设计软件了。

8.6　编程

写代码（编程）同样需要计划。在开始打字之前我们需要想想要实现什么功能。就像我们会在开始整个设计之前测试新的元器件一样，我们需要测试每一段代码。开始时代码越少，越容易发现问题。

8.6.1　设定开关的时间

我们希望在一天当中的不同时间开关这些水阀。我们需要一些方法来记录这些值，因为系统中有 3 个水阀，所以我们将要使用一个数组，每个水阀为一项。这样做当我们之后要添加更多水阀时也会更加简单。你可能还记得我们在第 6 章的例程 6-2 中使用一个叫作 buffer 的数组用来存储从 Processing 草稿发过来的字符。数组的简单介绍可以参考附录 C 中的"变量"。

这里我们这样做：

```
const int NUMBEROFVALVES = 3;
const int NUMBEROFTIMES = 2;

int onOffTimes [NUMBEROFVALVES][NUMBEROFTIMES];
```

 为了简单起见，我们假设你在一周的每一天都是在同一时间开关水阀。随着你的编程水平的提高，你可以针对每周的每一天设置不同的开关时间表，甚至在一天当中设置多次开关。当你在做一个项目时，尽可能地简化系统是一个好的开始，然后再不断添加你验证过的能正常工作的功能。

注意这里我首先创建了两个常变量，用常变量代替固定的数字来表示数组的大小。这样做一方面能提醒我们这些数字的意义，另一方面当我们以后要做修改时会更容易。常变量的名字全部用大写字母表示，这表示它们是常变量。

如果你之前没见过二维数组，不要惊慌，把它想象成一个电子表格就好了。第一个 [] 中的数字表示行，而第二个 [] 中的数字表示列。一行对应一个阀门，我们将用第一列存储打开水阀的时间，而第二列存储关闭水阀的时间。

让我们为列数定义一个常变量。要记住数组当中元素的序号是从 0 开始的。

```
const int ONTIME = 0;
const int OFFTIME = 1;
```

接下来我们就需要考虑如何输入信息了，就是说需要一个用户界面。通常，用户界面是一个菜单，不过这里我们只是简单地利用串口监视窗来实现这个功能。

记得在第 6 章中，我们需要通过一种方式告诉 Arduino 它所控制的灯应该是什么颜色的吗？就像我们一直强调的那样，Arduino 是一个简单的设备，所以我们选择了一种简单的方式来设定颜色。

现在我们要做一件类似的事情：尽可能地用一种简单的方式来设定时间。

我们需要能设定每个水阀的开关时间，这里用数字表示某个具体的水阀，后面跟着一个字母，N 表示打开，F 表示关闭，再之后跟着时间，时间我们使用 24 小时制。比如，0135 表示早上 1:35。

```
2N1345 2F1415
```

这表示在下午 1:45 打开 2 号水阀，而在下午 2:15 关闭 2 号水阀。

为了让我们编写的每个水阀的开关的代码描述起来更简单，我们坚持使用大写字母 N 和 F。

在代码中，我们需要将字符串解析或分拆到正确的组当中。

 一组连续的字符称为字符串。

如果你查看例程 6-2 中的 Arduino 程序，会发现我们使用了串口对象的函数 Serial.available() 和 Serial.read()。其实串口对象有很多其他的函数，我们可以参考

Arduino 的网站。

这里我们使用函数 Serial.parseInt( ) 来自动读取输入的字符并将其转换成数字。当读到的字符不是数字的时候函数会自动停止。字母（N 和 F）我们直接使用 Serial.read( ) 来读取。

出于测试的目的，目前当我们收到一行字符串之后，只是将信息输出显示出来，具体代码见例程 8-1。

例程8-1 解析浇灌系统发送的命令

```
/*
Example 8-1. Parsing the commands sent to the irrigation system
*/
const int NUMBEROFVALVES = 3;
const int NUMBEROFTIMES = 2;

int onOffTimes [NUMBEROFVALVES][NUMBEROFTIMES];

const int ONTIME = 0;
const int OFFTIME = 1;

void setup(){
  Serial.begin(9600);
};

void loop() {
  // Read a string of the form "2N1345" and separate it
  // into the first digit, the letter, and the second number

  // read only if there is something to read
  while (Serial.available() > 0) {

    // The first integer should be the valve number
    int valveNumber = Serial.parseInt();

    // the next character should be either N or F
    // do it again:
    char onOff = Serial.read();

    // next should come the time
    int desiredTime = Serial.parseInt();
```

```
//Serial.print("time = ");
//Serial.println(desiredTime);

// finally expect a newline which is the end of
// the sentence:
if (Serial.read() == '\n') {
  if ( onOff == 'N') { // it's an ON time
    onOffTimes[valveNumber][ONTIME] = desiredTime;
  }
  else if ( onOff == 'F') { // it's an OFF time
    onOffTimes[valveNumber][OFFTIME] = desiredTime;
  }
  else { // something's wrong
    Serial.println ("You must use upper case N or F only");
  }
} // end of sentence
else {
  // Sanity check
  Serial.println("no Newline character found");
}

// now print the entire array so we can see if it works
for (int valve = 0; valve < NUMBEROFVALVES; valve++) {
  Serial.print("valve # ");
  Serial.print(valve);
  Serial.print(" will turn ON at ");
  Serial.print(onOffTimes[valve][ONTIME]);
  Serial.print(" and will turn OFF at ");
  Serial.print(onOffTimes[valve][OFFTIME]);
  Serial.println();
}
} // end of Serial.available()
}
```

我们也可以在本书的 GitHub 网页上下载这段例程。

在将程序烧写进 Arduino 之后，打开串口监视窗，检查窗口右下角的波特率和结束符。选择换行符和 9600baud。结束符能保证我们每次在计算机上输入完一行字符按下回车键时，计算机会发送一个换行符给 Arduino。

举例来说，如果我们想在下午 1:30 打开水阀 1，则输入 1N1330 然后按下回车键。将看到如下信息。

```
valve # 0 will turn ON at 0 and will turn OFF at 0
valve # 1 will turn ON at 1330 and will turn OFF at 0
valve # 2 will turn ON at 0 and will turn OFF at 0
```

注意，在草稿中我再次检查了数字之间的字符是 N 还是 F，同时还要判断第二个数字之后的换行符。这种"完整性检查"能发现我们输入命令时的错误，还有助于发现我们程序中的错误。我们还可以想想其他的检查方式，比如，我们可以检查时间的有效性，时间的值一定小于 2359，还可以检查水阀的数量，这个数量一定小于 NUMBEROFVALVES。

一个为处理正确数据而设计的程序是非常微妙的，这样的程序对任何错误都很敏感，不管这个错误是用户输入造成的还是其他原因。在操作数据之前检查相应的数据来发现错误，而不是试着去处理错误的数据，这能避免发生意想不到的错误行为。这会让你的程序更"健康"，质量更理想，特别是人的行为永远都是不确定的。

在我们继续之前，我想告诉你一个新的技巧。刚刚我们完成的代码已经很长了，而之后我们还要添加更多的内容，阅读和管理程序将变得越来越混乱。

幸运的是，我们能够使用一个非常巧妙和常用的编程技术。在"4.4 递给我一块帕尔马干酪"中我们介绍过什么是函数，而 setup() 和 loop() 是 Arduino 默认要实现的两个函数。我们已经通过程序完成了这两个函数。

而现在我要强调的是，你能够创建其他的函数，就像创建 setup() 和 loop() 函数一样。

为什么这个技巧这么重要？因为它非常方便地将一个又长又复杂的程序分割为一些小的函数，每个函数有其自己的特定任务。此外，你还能给函数命名，如果你用它们的任务来当作它们的名字，那么阅读程序也会变得简单一些。

任何时候一段执行特定功能的代码都能封装成一个函数。函数有多大，这取决于你。我的原则是如果代码块超过了两个屏幕，就最好封装成一个函数。我们在脑海中记住两个屏幕的内容，但不要超过这个界限。
代码块是否容易被提取出来是一个重要的决定因素。这取决于许多变量是否在其他函数中都用不到？当你了解了更多关于变量作用域的内容之后，就会意识到这是非常重要的。

例如，我们刚刚完成的代码，其功能是从串口监视窗读取命令，解析之后将时间保存在数组当中。如果我们将其封装成一个函数 expectValveSetting()，那么我们的 loop() 函数就非常简单了。

```
void loop() {
    expectValveSettings();
}
```

这更易于阅读，更重要的是，当我们完成程序的其他部分时这样更容易理解。

当然，我们需要创建这个函数，如下。

```
void expectValveSettings() {
    // Read a string of the form "2N1345" and separate it
    // into the first digit, the letter, and the second number

    // read only if there is something to read
    while (Serial.available() > 0) {
        // ... rest of the code not repeated here
        }
```

其余的部分与例程 8-1 完全一样，这里我就不浪费另外的两页纸来完成整个函数了。

现在我们把目光转到其他需要做的事情上来，也让它们形成相应的函数。

8.6.2　检测水阀开关的时间

接下来，让我们看看从 RTC 获取的数据，并通过它检测水阀开关的时间。如果你回顾一下 RTC 的示例 ds1307，就会看到时间是如何显示出来的。

```
Serial.print(now.hour(), DEC);
```

太方便了，这本来就是个数字，所以非常容易就能和我们存储的小时和分钟进行比较。

为了访问 RTC，我们需要将示例 ds1307 中的部分代码添加到我们的程序当中，在最顶端，setup() 函数之前，添加如下内容。

```
#include <Wire.h>
#include "RTClib.h"

RTC_DS1307 rtc;
```

这次我们没有用模拟输入引脚提供 5V 和 GND，为什么呢？因为模拟输入引脚非常少，只有 6 个，我们已经将其中的两个用作 RTC 的 I2C 接口了。目前我们的项目不再需要模拟输入，但之后可能会有一些要使用模拟输入的地方。

在 setup() 函数中，我们需要输入如下内容。

```
#ifdef AVR
  Wire.begin();
#else
  // I2C pins connect to alt I2C bus on Arduino Due
  Wire1.begin();
#endif
  rtc.begin();
```

现在想想我们需要干什么：只要当前时间比预计打开水阀的时间多，而比预计关闭水阀的时间少，我们就应该打开水阀。其余的时间水阀都是关闭的。

通过 RTC 的库我们能够获取当前的时间。

```
dateTimeNow = rtc.now();
```

然后我们能这样获取小时和分钟，如下。

```
dateTimeNow.hour()
dateTimeNow.minute()
```

你发现问题了吗？我们是按照 4 位数字存储时间的，前两位表示小时，后两位表示分钟，我们不能将它与分开的小时和分钟进行比较，这样的比较很复杂。

如果只有一个数字就好了，我们能做到这一点，只要不是以小时和分钟的形式存储数据，而是将时间都转换成从 0 点开始的分钟数就可以了。这样，我们只需要处理一个数，比较也简单得多。（我们要记住不要在 0 点前打开水阀，而在 0 点之后关闭水阀。这是考验程序稳健性的另一个问题。）

下面的代码完成了这个操作：

```
int nowMinutesSinceMidnight = (dateTimeNow.hour() * 60) +
  dateTimeNow.minute();
```

然后时间的比较如下。

```
if ( ( nowMinutesSinceMidnight >= onOffTimes[valve][ONTIME]) &&
    ( nowMinutesSinceMidnight < onOffTimes[valve][OFFTIME]) )
{
      digitalWrite(??, HIGH);
}
else
{
      digitalWrite(??, LOW);
}
```

等等，那些问号是什么？我们需要知道每个水阀对应的控制引脚。我们的 for() 循环只是对水阀计数：0、1 和 2。我们需要一种方式来将水阀和控制的引脚对应起来。这里使用一个数组。

```
int valvePinNumbers[NUMBEROFVALVES];
```

通过使用之前创建的相同的常变量，这个数组将会始终与其他数组的行数相同，即使之后我们改变了水阀的数量。

在 setup() 中我们需要将正确的引脚号赋值给这个数组。

```
valvePinNumbers[0] = 6; // valve 0 is on pin 6
valvePinNumbers[1] = 8; // valve 1 is on pin 8
valvePinNumbers[2] = 3; // valve 2 is on pin 3
```

当我们需要查找一些基于序列的信息时，数组是一种很好的方式。你可以把它当作一个查询表。

现在，我们修复之前的问题。

```
if ( ( now.hour() > onOffTimes[valve][onTime]) &&
     ( now.hour() < onOffTimes[valve][offTime]) ) {

    Serial.println("Turning valve ON");
    digitalWrite(valvePinNumbers[valve], HIGH);
}
else {
    Serial.println("Turning valve OFF");
    digitalWrite(valvePinNumbers[valve], LOW);
}
```

最后一件事：我们需要将4位数字分割成小时和分钟。这对于用户输入信息来说可能更简单，我们要求用户在小时和分钟之间添加一个：号，这样在读取时就会将两者单独处理，然后再转换成从0点开始的分钟数，最后将这个数字存储于数组中。具体代码见例程8-2。

你可能已经想到了2～3种不同的方式来解决这个问题。大多数编程的问题，实际上都是工程问题，可以通过很多不同的方式来解决。一个专业的程序员可能会考虑效率、速度、内存使用情况，甚至是成本，不过作为一名初学者，你应该使用你最容易理解的方式。

例程8-2　函数 expectValveSetting( )

```
/*
 * Example 8-2. expectValveSetting() and printSettings() functions
 * Read a string of the form "2N13:45" and separate it into the
 * valve number, the letter indicating ON or OFF, and the time
 */

void expectValveSetting() {

  // The first integer should be the valve number
  int valveNumber = Serial.parseInt();

  // the next character should be either N or F
  char onOff = Serial.read();

  int desiredHour = Serial.parseInt(); // get the hour

  // the next character should be ':'
  if (Serial.read() != ':') {
```

```
    Serial.println("no : found"); // Sanity check
    Serial.flush();
    return;
  }

  int desiredMinutes = Serial.parseInt(); // get the minutes

  // finally expect a newline which is the end of the sentence:
  if (Serial.read() != '\n') { // Sanity check
    Serial.println("You must end your request with a Newline");
    Serial.flush();
    return;
  }

  // Convert desired time to # of minutes since midnight
  int desiredMinutesSinceMidnight
    = (desiredHour*60 + desiredMinutes);

  // Put time into the array in the correct row/column
  if ( onOff == 'N') { // it's an ON time
    onOffTimes[valveNumber][ONTIME]
    = desiredMinutesSinceMidnight;
  }
  else if ( onOff == 'F') { // it's an OFF time
    onOffTimes[valveNumber][OFFTIME]
    = desiredMinutesSinceMidnight;
  }
  else { // user didn't use N or F
    Serial.print("You must use upper case N or F ");
    Serial.println("to indicate ON time or OFF time");
    Serial.flush();
    return;
  }

  printSettings(); // print the array so user can confirm settings
} // end of expectValveSetting()

void printSettings(){
  // Print current on/off settings, converting # of minutes since
  // midnight back to the time in hours and minutes
```

```
Serial.println();
for (int valve = 0; valve < NUMBEROFVALVES; valve++) {
  Serial.print("Valve ");
  Serial.print(valve);
  Serial.print(" will turn ON at ");

  // integer division drops remainder: divide by 60 to get hours
  Serial.print((onOffTimes[valve][ONTIME])/60);
  Serial.print(":");

  // minutes % 60 are the remainder (% is the modulo operator)
  Serial.print((onOffTimes[valve][ONTIME])%(60));

  Serial.print(" and will turn OFF at ");
  Serial.print((onOffTimes[valve][OFFTIME])/60); // hours
  Serial.print(":");
  Serial.print((onOffTimes[valve][OFFTIME])%(60)); // minutes
  Serial.println();
  }
}
```

8.6.3   下雨检测

如何用湿度传感器检测下雨？你可以在检测时间的同时执行此操作，但这样做会使语句变得很长。使用另外一个 if() 语句是一个不错的主意，老程序员可能会告诉你这样做效率较低，但你的花园不会在意水来得晚那么一点点。重要的是你能阅读和理解程序。

 经验丰富的程序员可能会告诉你一些巧妙的方法以减少程序的行数，或提高效率。随着经验的积累，理解这些技巧的作用是很好的，但作为初学者，你应该选择你最容易理解的内容。

例程8-3　只有不下雨时才打开水阀

```
if ( ( nowMinutesSinceMidnight >= onOffTimes[valve][ONTIME]) &&
     ( nowMinutesSinceMidnight < onOffTimes[valve][OFFTIME]) ) {
    // Before we turn a valve on make sure it's not raining
    if ( humidityNow > 50 ) { // Arbitrary; adjust as necessary
      // It's raining; turn the valve OFF
      Serial.print(" OFF ");
      digitalWrite(valvePinNumbers[valve], LOW);
    }
```

```
    else {
      // No rain and it's time to turn the valve ON
      Serial.print(" ON ");
      digitalWrite(valvePinNumbers[valve], HIGH);
    } // end of checking for rain
  } // end of checking for time to turn valve ON
  else {
    Serial.print(" OFF ");
    digitalWrite(valvePinNumbers[valve], LOW);
  }
```

当然我们会为此创建另外一个函数，我们将其命名为 checkTimeControlValves()。

我们还将创建一个特殊的函数，用来读取湿度值和 RTC，我们将其命名为 getTimeTempHumidity()。

现在我们的 loop() 函数如下：

```
void loop() {

  // Remind user briefly of possible commands
  Serial.print("Type 'P' to print settings or 'S2N13:45'");
  Serial.println(" to set valve 2 ON time to 13:34");

  // Get (and print) the current date, time,
  // temperature, and humidity
  getTimeTempHumidity();

  // Check for new time settings:
  expectValveSettings();

  // Check to see whether it's time to turn any valve ON or OFF
  checkTimeControlValves();

  // No need to do this too frequently
  delay(5000);
}
```

8.6.4　整合所有代码

我们差不多已经写完了整个草稿，只需要考虑几个其他的小问题，然后就能整合所有代码了。

首先，如果使用者想看一下现在设定的水阀开关时间怎么办？这个问题容易解决，不过使用者如何告诉程序他们希望知道的设置呢？使用者能够输入字母 P

表示"打印"，不过现在草稿需要判断收到的是字母 P 还是数字。这比较难办，如果我们设定收到的第一个字符总是字母会容易一些，在收到第一个字母之后我们再来判断接下来收到的数字。如果我们设定收到的第一个字母是 P，就输出显示当前设置的时间，而如果收到的第一个字母是 S，就等待新的时间值。如果使用者输入了 P 和 S 之外其他的内容，我们最好提醒他们什么是正确的输入信息：

```
/*
 * Check for user interaction, which will
 * be in the form of something typed on
 * the serial monitor.
 *
 * If there is anything, make sure it's
 * properly-formed, and perform the
 * requested action.
 */
void checkUserInteraction() {

  // Check for user interaction
  while (Serial.available() > 0) {

    // The first character tells us what to expect for the
    // rest of the line
    char temp = Serial.read();

    // If the first character is 'P' then print the current settings
    // and break out of the while() loop
    if ( temp == 'P') {

      printSettings();
      Serial.flush();
      break;

    } // end of printing current settings

    // If first character is 'S' then the rest will be a setting
    else if ( temp == 'S') {
      expectValveSetting();
    }
    // Otherwise, it's an error. Remind the user
    // what the choices are and break out of the while() loop
    else
```

```
  {
    printMenu();
    Serial.flush();
    break;
  }

  } // end of processing user interaction
}
```

下面的代码是printMenu()函数，代码非常短，但我们可能会在其他地方使用它。另外，以我的经验，随着项目越来越复杂，菜单也会变得越来越复杂，所以这个函数实际上是一个通过串行窗口显示菜单的好方法。比如，之后你可以添加菜单项来设置RTC的时间：

```
void printMenu() {
  Serial.println(
    "Please enter P to print the current settings");
  Serial.println(
    "Please enter S2N13:45 to set valve 2 ON time to 13:34");
}
```

 任何时候，超过一次使用一个代码块，都可以考虑将它变成一个函数，无论这个代码块有多短。

最后，整个草稿见例程 8-4.

例程 8-4　浇灌系统草稿

```
#include <Wire.h>     // Wire library, used by RTC library
#include "RTClib.h"   // RTC library
#include "DHT.h"       // DHT temperature/humidity sensor library

// Analog pin usage
const int RTC_5V_PIN = A3;
const int RTC_GND_PIN = A2;

// Digital pin usage
const int DHT_PIN  = 2;        // temperature/humidity sensor
const int WATER_VALVE_O_PIN = 8;
const int WATER_VALVE_1_PIN = 7;
const int WATER_VALVE_2_PIN = 4;

const int NUMBEROFVALVES = 3; // How many valves we have
```

```
const int NUMBEROFTIMES = 2;   // How many times we have

// Array to store ON and OFF times for each valve
// Store this time as the number of minutes since midnight
// to make calculations easier
int onOffTimes [NUMBEROFVALVES][NUMBEROFTIMES];
int valvePinNumbers[NUMBEROFVALVES];

// Which column is ON time and which is OFF time
const int ONTIME = 0;
const int OFFTIME = 1;

#define DHTTYPE DHT11
DHT dht(DHT_PIN, DHTTYPE); // Create a DHT object

RTC_DS1307 rtc;      // Create an RTC object

// Global variables set and used in different functions

DateTime dateTimeNow; // to store results from the RTC

float humidityNow;      // humidity result from the DHT11 sensor

void setup(){

  // Power and ground to RTC
  pinMode(RTC_5V_PIN, OUTPUT);
  pinMode(RTC_GND_PIN, OUTPUT);
  digitalWrite(RTC_5V_PIN, HIGH);
  digitalWrite(RTC_GND_PIN, LOW);

  // Initialize the wire library
#ifdef AVR
  Wire.begin();
#else
  // Shield I2C pins connect to alt I2C bus on Arduino Due
  Wire1.begin();
#endif

  rtc.begin();         // Initialize the RTC object
```

```
  dht.begin();         // Initialize the DHT object
  Serial.begin(9600); // Initialize the Serial object

  // Set the water valve pin numbers into the array
  valvePinNumbers[0] = WATER_VALVE_0_PIN;
  valvePinNumbers[1] = WATER_VALVE_1_PIN;
  valvePinNumbers[2] = WATER_VALVE_2_PIN;

  // and set those pins all to outputs
  for (int valve = 0; valve < NUMBEROFVALVES; valve++) {
    pinMode(valvePinNumbers[valve], OUTPUT);
  }

};

void loop() {

  // Remind user briefly of possible commands
  Serial.print("Type 'P' to print settings or ");
  Serial.println("'S2N13:45' to set valve 2 ON time to 13:34");

  // Get (and print) the current date, time,
  // temperature, and humidity
  getTimeTempHumidity();

  checkUserInteraction(); // Check for request from the user

  // Check to see whether it's time to turn any valve ON or OFF
  checkTimeControlValves();

  delay(5000); // No need to do this too frequently
}

/*
 * Get, and print, the current date, time,
 * humidity, and temperature
 */
void getTimeTempHumidity() {
  // Get and print the current time
```

```
      dateTimeNow = rtc.now();

      if (! rtc.isrunning()) {
        Serial.println("RTC is NOT running!");
        // use this to set the RTC to the date and time this sketch
        // was compiled. Use this ONCE and then comment it out
        // rtc.adjust(DateTime(__DATE__, __TIME__));
        return; // if the RTC is not running don't continue
      }

      Serial.print(dateTimeNow.hour(), DEC);
      Serial.print(':');
      Serial.print(dateTimeNow.minute(), DEC);
      Serial.print(':');
      Serial.print(dateTimeNow.second(), DEC);

      // Get and print the current temperature and humidity
      humidityNow = dht.readHumidity();
      float t = dht.readTemperature(); // temperature Celsius
      float f = dht.readTemperature(true); // temperature Fahrenheit

      // Check if any reads failed and exit early (to try again).
      if (isnan(humidityNow) || isnan(t) || isnan(f)) {
        Serial.println("Failed to read from DHT sensor!");
        return; // if the DHT is not running don't continue;
      }

      Serial.print(" Humidity ");
      Serial.print(humidityNow);
      Serial.print("% ");
      Serial.print("Temp ");
      Serial.print(t);
      Serial.print("C ");
      Serial.print(f);
      Serial.print("F");
      Serial.println();
    } // end of getTimeTempHumidity()

    /*
     * Check for user interaction, which will be in the form of
```

```
 * something typed on the serial monitor. If there is anything,
 * make sure it's proper, and perform the requested action.
 */
void checkUserInteraction() {
  // Check for user interaction
  while (Serial.available() > 0) {

    // The first character tells us what to expect
    // for the rest of the line
    char temp = Serial.read();

    // If the first character is 'P' then print the current
    // settings and break out of the while() loop
    if ( temp == 'P') {
      printSettings();
      Serial.flush();
      break;
    } // end of printing current settings

    // If first character is 'S' then the rest will be a setting
    else if ( temp == 'S') {
      expectValveSetting();
    }

    // Otherwise, it's an error. Remind the user what the choices
    //are and break out of the while() loop
    else
    {
      printMenu();
      Serial.flush();
      break;
    }
  } // end of processing user interaction
}

/*
 * Read a string of the form "2N13:45" and separate it into the
 * valve number, the letter indicating ON or OFF, and the time.
 */
void expectValveSetting() {
```

```
// The first integer should be the valve number
int valveNumber = Serial.parseInt();

// the next character should be either N or F
char onOff = Serial.read();

int desiredHour = Serial.parseInt(); // the hour

// the next character should be ':'
if (Serial.read() != ':') {
  Serial.println("no : found"); // Sanity check
  Serial.flush();
  return;
}

int desiredMinutes = Serial.parseInt(); // the minutes

// finally expect a newline which is the end of the sentence:
if (Serial.read() != '\n') { // Sanity check
  Serial.println(
    "Make sure to end your request with a Newline");
  Serial.flush();
  return;
}

// Convert the desired hour and minute time
// to the number of minutes since midnight
int desiredMinutesSinceMidnight
  = (desiredHour*60 + desiredMinutes);

// Put time into the array in the correct row/column
if ( onOff == 'N') { // it's an ON time
  onOffTimes[valveNumber][ONTIME]
  = desiredMinutesSinceMidnight;
}
else if ( onOff == 'F') { // it's an OFF time
  onOffTimes[valveNumber][OFFTIME]
  = desiredMinutesSinceMidnight;
}
```

```
else { // user didn't use N or F
  Serial.print("You must use upper case N or F ");$
  Serial.println("to indicate ON time or OFF time");$
  Serial.flush();
  return;
}

  printSettings(); // print the array so user can confirm settings
} // end of expectValveSetting()

void checkTimeControlValves() {

  // First, figure out how many minutes have passed since
  // midnight, since we store ON and OFF time as the number of
  // minutes since midnight. The biggest number will be at 2359
  // which is 23 * 60 + 59 = 1159 which is less than the maximum
  // that can be stored in an integer so an int is big enough
  int nowMinutesSinceMidnight =
    (dateTimeNow.hour() * 60) + dateTimeNow.minute();

  // Now check the array for each valve
  for (int valve = 0; valve < NUMBEROFVALVES; valve++) {
  Serial.print("Valve ");
    Serial.print(valve);

    Serial.print(" is now ");
    if ( ( nowMinutesSinceMidnight >=
          onOffTimes[valve][ONTIME]) &&
        ( nowMinutesSinceMidnight <
          onOffTimes[valve][OFFTIME]) ) {

      // Before we turn a valve on make sure it's not raining
      if ( humidityNow > 70 ) {
        // It's raining; turn the valve OFF
        Serial.print(" OFF ");
        digitalWrite(valvePinNumbers[valve], LOW);
      }
      else {
        // No rain and it's time to turn the valve ON
        Serial.print(" ON ");
```

```arduino
      digitalWrite(valvePinNumbers[valve], HIGH);
    } // end of checking for rain
  } // end of checking for time to turn valve ON
  else {
    Serial.print(" OFF ");
    digitalWrite(valvePinNumbers[valve], LOW);
  }
  Serial.println();
} // end of looping over each valve
Serial.println();
}


void printMenu() {
  Serial.println(
    "Please enter P to print the current settings");
  Serial.println(
    "Please enter S2N13:45 to set valve 2 ON time to 13:34");
}


void printSettings(){

  // Print current on/off settings, converting # of minutes since
  // midnight back to the time in hours and minutes
  Serial.println();
  for (int valve = 0; valve < NUMBEROFVALVES; valve++) {
    Serial.print("Valve ");
    Serial.print(valve);
    Serial.print(" will turn ON at ");

    // integer division drops remainder: divide by 60 to get hours
    Serial.print((onOffTimes[valve][ONTIME])/60);
    Serial.print(":");

    // minutes % 60 are the remainder (% is the modulo operator)
    Serial.print((onOffTimes[valve][ONTIME])%(60));

    Serial.print(" and will turn OFF at ");
```

```
Serial.print((onOffTimes[valve][OFFTIME])/60); // hours
Serial.print(":");
Serial.print((onOffTimes[valve][OFFTIME])%(60)); // minutes
Serial.println();
  }
}
```

我们也可以通过本书 GitHub 网页中的链接下载这段例程。

8.7 搭建电路

　　最终，我们完成了整个草稿，并测试了所有的元器件！准备开始焊接了吗？不，还差一点：我们单独测试了各种元器件，但没有集中测试过。你可能认为这一步没有必要，但集中测试是非常重要的。这一步会发现元器件之间的意外交互，不管是软件方面还是硬件方面。比如，2 个元器件可能需要用到 Arduino 同样引脚上的同一个功能，或是两个库可能相互冲突，再或者程序逻辑需要重新组织。集中测试最好在易于连线的面包板上完成。

　　为了完成这个全自动浇灌系统，我们需要结合 3 张原理图：图 8-11、图 8-13 及图 8-15。虽然最终的系统有 3 个水阀，不过很多工作都是重复的，没有太多新的信息（另外面包板也有些挤）。所以如果一个水阀能正常工作，那么 3 个水阀应该都能正常工作，因此现在我们只完成一个水阀就好了。

　　假设的时候要相当小心，因为它们可能是错的，并且可能会在之后困扰你。永远不要想当然地认为一些东西自己运转没问题，它们合在一起运转就没问题。任何一个工程师都会告诉你集中测试是非常重要的，而且通常都能找到之前没发现的问题。

　　注意这里我做了一个假设：只用一个水阀测试系统有效性。这正是我之前警告过你的那种假设。比方说，更多的水阀和更多的继电器会消耗更多的功率。Arduino 数字输出能同时为 3 个继电器提供电能吗？水阀的电源能同时为 3 个水阀提供电能吗？

　　我允许自己进行这样的假设是因为我在心里已经进行了粗略的计算，而且我多年的经验告诉我这个假设的风险非常低。然后，作为初学者，你应该避免这样的假设，并且在你完成焊接或将项目装入盒子之前要测试所有的一切。

　　我已经看过很多学生不得不把项目的漂亮外壳拆开，

　　就是因为某些东西没有按照他们的预期顺利工作。

　　（更糟糕的是，不正常工作的部分总是最难的部分。）

――Michael

　　图 8-15 是只有一个水阀的浇灌系统的原理图，而图 8-16 是示意电路图。我再强调一次水阀和电源之间的极性，不过只有在 DC 系统中，才有这种关系。如果你使用的是 AC 系统（这似乎很常见），就和极性没什么关系了。

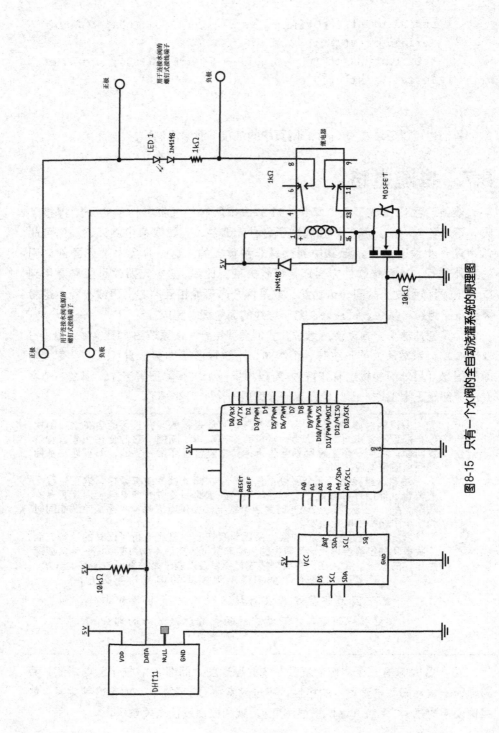

图 8-15 只有一个水阀的全自动浇灌系统的原理图

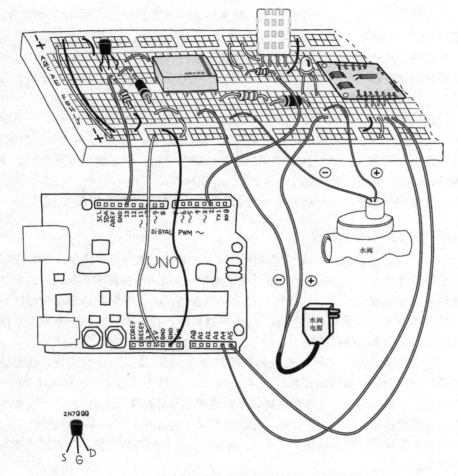

2N7000

S G D

图8-16 只有一个水阀的全自动浇灌系统的示意电路图

在你搭建一个复杂的电路之前，先把原理图打印出来。当你搭建电路的时候，使用彩笔或是荧光笔标记每一条电路完成的连接。这样就很容易看出来你连了哪些电路，还未连的电路有哪些。

这对于检查电路同样有用，标记每一条你检查过的连接。

在面包板上搭建这个电路，然后将例程 8-4 烧写到控制板中。草稿中有 3 个水阀，而实际上我们只有一个水阀是没问题的：你能够设置时间并允许另外 2 个引脚工作，不过什么也不会发生。

现在进行测试：输入 P 显示当前的设置都是 0。注意当前的时间。输入 S 然后设置打开的时间为 1min 之后，接着设置关闭的时间再往后增加 1min。之后你的继电器将会吸和，LED 将会点亮。你的水阀工作与否则还要取决于是否要有水压才会工作（我的水阀即使没有水也会发出吸和的声音）。

有问题吗？再次检查你的连线，特别注意一下二极管、MOSFET 和继电器。记住 MOSFET 的每一个引脚都有特定的功能，你必须要连接正确。记住二极管是有极性的，黑色的条纹表示负极。记住继电器的黑色条纹对应引脚 8 和引脚 9。如果你的水阀和水阀电源是直流 (DC) 的，那么确保它们的正负极连接正确。若还有什么问题，则可以参照第 11 章的内容。

这一步有助于提醒你正确连接二极管、MOSFET 和继电器的重要性。一旦你将这些元器件焊上，可能就不太容易改了。所以当所有一切都正常工作的时候，确保你明白这是为什么。留意你犯的任何错误，并记住你是如何改正它的。你甚至可以拍一些面包板的照片作为参考，这通常都是记录你工作的一个好方法。

当你高兴地完成这一步之后，就可以把注意力转移到原型扩展板上了。

8.7.1　原型扩展板

就像我之前说过的，我们将会使用原型扩展板，因为它能提供一个牢固而简单的方法来连接 Arduino 控制板。我们可以在 Arduino 商城购买到它，另外还有很多其他的原型扩展板，任何一种都可以使用，不过你需要根据你自己的原型扩展板改变一下元器件的布局。一些原型扩展板自带插针，而一些原型扩展板可能需要你单独购买插针。

你会发现，原型扩展板的底部有两排和 Arduino 接口兼容的插针，通过这些插针能把原型扩展板直接插接在 Arduino 上。原型扩展板上每一个 Arduino 对应引脚的旁边都有一个用来焊线的过孔，这些过孔分别与对应的 Arduino 引脚相连。要想连接某个 Arduino 引脚，简单地在相应的过孔上焊一条导线就可以了。相比于之前直接将面包线插到 Arduino 接口的插排中的连接方式，这种形式要可靠得多。

大多数原型扩展板有一片网格状的过孔，这有点像面包板上的一个个小孔。在这片区域你能够按照自己的想法在几乎任何地方摆放元器件并通过焊接导线将它们连接起来，不过不像面包板，原型扩展板只提供了很少的连接点，所以大部分的连接是通过直接在元器件上焊线实现的，这些焊线通常都在原型扩展板底部。你可以巧妙地通过总线或原型扩展板提供的其他连接过孔，尽量减少连接导线的数量。

　当使用原型扩展板时，或者使用任何带有过孔的洞洞板时，最常见的做法就是将元器件放在上面而焊线放在底下。这对于原型扩展板很重要，因为原型扩展板的底面很接近 Arduino，两者之间没有太多的空间。记住，原型扩展板底面的连接不能碰到任何 Arduino 上面的金属，比如元器件、插针或是 USB 端口。
　　如果你要在底部摆放元器件或焊线，要确保它们尽可能平地贴在底部。

8.7.2 在原型扩展板上布局

第一步需要考虑的是我们需要什么元器件及这些元器件大概放在哪里。我们要给 MOSFET、继电器、LED 及螺钉式接线端子留出空间。螺钉式接线端子应该在易于接线的一个侧边,如果 LED 能靠近这个接线端子就更好了。MOSFET 比较小,放在哪里都不成问题,不过要是能靠近它所控制的继电器就最好了。

继电器是一个很大的元器件,所以我们需要在原型扩展板上留出足够的空间。

 原型扩展板的顶面和底面非常容易混淆,所以要确保你的元器件放在了正确的一侧。在后面的图片中为了提示你注意,我都标注了"顶面"和"底面"。我建议你在原型扩展板上用记号笔写上顶面和底面。

 确保你没有使用已经具有一定功能的过孔,比如 ICSP 的接口,或是距离 IOREF 不远的单独的地。在插图中,为了将这些过孔标识出来我将它们填充成了黑色。

避免在 USB 端口的上方摆放元器件。如果你使用的是 Arduino 的原型扩展板,那么这个区域是特意设计成没有过孔的。

 每当你焊接一个电路的时候,要在焊接之前想一想元器件怎么摆放。通常从连接件和较大的元器件开始,然后在周围放置一些需要连接的小一点的元器件。你可以利用元器件的引脚来连接,在原型扩展板底部将引脚弯曲之后直接焊接到正确的位置。

在所有的元器件都摆放妥当之前不要焊接任何东西。焊接之前最好先把摆放的位置画出来或拍张照片,这样就不怕焊接的时候落下什么东西了。

我说过我会说明适配座是干什么用的。目前你会发现继电器需要焊接在原型扩展板上,这样如果继电器坏了怎么办?幸好,继电器能装在适配座上。我们把适配座焊接在原型扩展板上,然后将继电器插在适配座上。

如果继电器能使用适配座,那么为什么不能给每个元器件配一个适配座呢?这里有几方面的原因:首先,电阻很容易从板子上焊下来,在最坏的情况下,也可以将它们剪断,MOSFET 也是一样的,而继电器却很难从板子上焊下来,因为它们有 8 个引脚,当我们加热第二个引脚的时候,第一个引脚已经冷却下来了;其次,一旦继电器焊接在一个位置,要把它们剪下来基本不可能;最后,继电器是一个内部有零件动作的机械装置,动作的零件不像纯粹的电子部件,这部分更容易损坏(不过,继电器还是能工作几年的)。

注意适配座有一个定位的标识:在塑料壳的顶端有一个半圆形的小缺口,这边通常连接引脚 1。适配座倒是不在意这个定位的标识,因为不管怎么接都是可以用的。但这个标识可以帮助你确定元器件的正确插接方式,所以要注意确保你的适配座方向正确。再强调一下,画个图或是做个笔记对你以后是有帮助的。记住当你把原型扩展板翻过来的时候,适配座的方向也会反转。我喜欢在原型扩展板底面适配座的引脚 1 上画一个圆圈,以确保我的方向正确。

当你将原型扩展板翻过来的时候,适配座可能会掉下来,所以我们可以将引脚掰弯,这样适配座就会固定在当前这个位置。只要保证引脚不要碰到其他的过孔,你可以把引脚掰向任何方向。

 当你焊接电路时,继电器和芯片都要使用适配座。

图 8-17 展示了其中一种可能的布局形式。

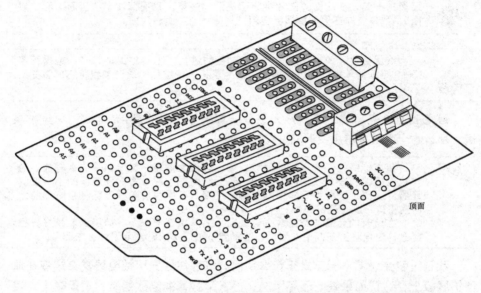

图8-17　原型扩展板上较大元器件的一种可能的布局形式(注意继电器适配座的方向)

注意我将图像做了一些变形,扩大了某些区域。因为之后我们会在这里进行大量的工作,我想能够更轻易地看到一些细节。不过,过孔的数量、行与列的位置和方向都是准确的。

当我们添加一些小的元器件时,我会告诉你一些技巧。我们将使用它们的引脚进行一些连接。

看一下原理图,你会发现 3 个二极管靠近继电器引脚 1 和引脚 16 的一端,如果我们将二极管放在这一端,只需要将二极管的引脚掰弯就能够焊接在正确的引脚位置上。确保你观察了二极管的极性,否则你可能会焊错(这种傻事我已经干过很多次了)。二极管的一端会有一个圆环,这表示阴极,将对应的引脚连到适配座的引脚 1。

当你将原型扩展板翻过来焊接的时候,把二极管的引脚掰弯有助于让它固定在当前的位置。

MOSFET 有一个引脚（漏极）要连接到继电器的 16 脚，我们将它放在二极管的旁边，将这个引脚掰弯焊接到二极管上。10kΩ 的电阻要连接到栅极和 GND之间，因为 MOSFET 的源极也要接 GND，所以这个电阻是焊在 MOSFET 的源极和栅极上的。我们将直插的电阻插到底，然后利用电阻的引脚完成必要的连接，这其中没有添加任何导线。

　　试着让所有的元器件都尽可能地贴近原型扩展板。二极管应该是紧贴着原型扩展板的。MOSFET 为了让它更低你需要将 3 个引脚掰开一些，不过不要掰得太厉害或是掰断了。电阻是立着的，不过电阻的一端也应该是紧贴着原型扩展板的。

　　一会我会给你展示如何将它们连在一起。

　　图 8-18 展示了添加继电器适配座、MOSFET、二极管及电阻的顶面视图。

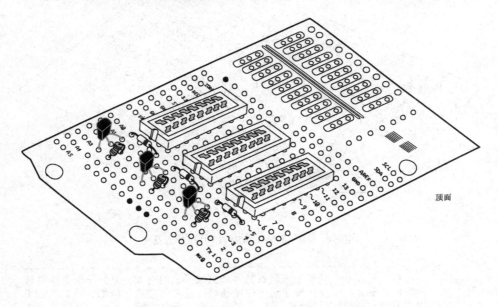

顶面

图8-18　添加了继电器适配座、MOSFET、二极管及电阻的顶面视图

　　RTC 和 DHT11 怎么办？ DHT11 需要用 4 根长导线连接到花园当中。相比直接将导线焊在原型扩展板上，更好的方法是在原型扩展板上焊接一个 4 芯的

插排，同时在导线上焊上插针，这样的话，后面如果需要将其分开，我们还能将它们分开。我之后会告诉你如何操作这一步。10kΩ 的电阻（连在 DHT11 的 DATA 引脚上）几乎能放在任何地方，所以我们留到以后再考虑。

　　RTC 已经有插针了，所以我们需要一个配套的插排。记住 RTC 需要占用相当大的空间，所以要将其放在一个比较空的地方。在顶面的边缘，靠近 MOSFET 相关电路的地方好像是一个不错位置。我将相应的插排放在最后一排，这样就为 MOSFET 及其他相关电路的连接预留了足够的空间。相应的效果如图 8-19 所示。

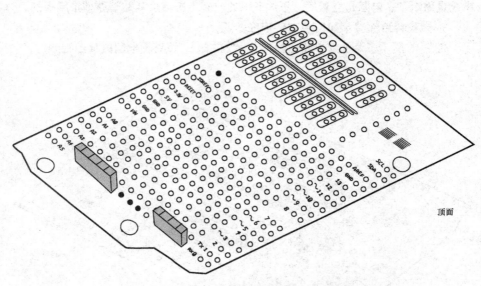

图8-19　DHT11的4芯插排及RTC的5芯插排

　　当你需要从别处连一根较长的导线到板子上的时候，最好不要直接将导线焊在板子上，相反，要使用一些接插件让这种连接易于拆卸。一对芯数相同的插针和插排对于较细的导线来说是一个不错的选择，而螺钉式接线端子适用于较粗的导线。

　　当你需要把模块连接到板子上的时候，不要直接把模块的连接头焊接在板子上，而是最好将一个与连接头相对的接口焊在你的板子上，这样当你由于任何原因想把模块拆下来的时候，随时都可以拆下来。

　　最好将所有的这些接插件添加到购物清单中！这些接插件是长条状的，通常有很多芯。它们被设计成能够按照自己的意愿裁成相应的长度。当你裁一个插针时，只要在相应的位置剪断就可以了。而当你裁一个插排时，就不得不损坏掉一个位置。添加的部分如下所示，这是 0.5 版的购物清单了。

- 添加一排插排，0.1" 间距，如 Adafruit 编号 598 的产品。
- 添加一排插针，0.1" 间距，如 Adafruit 编号 392 的产品。

8.7.3 在原型扩展板上焊接

这个文件是一个很好的焊接教程，《Adafruit 的熟练焊接指南》（*Adafruit Guide to Excellent Soldering*）。

现在，终于可以准备焊接了！

不要慌张，小心谨慎。记住呼吸和放松。焊接之前再次按照原理图查看每一个连接。要不时地检查你的工作，看看是否存在不良焊点或其他错误。

不要试着一次完成所有的连接。将它们分成一个个小组，每一组焊接之间短暂地停留一会，仔细检查刚才做了什么。

不要盲目地按照我的步骤来，试着理解刚才做的事情，确保你也认为这样做没问题。

现在可以先将螺钉式接线端子和插排拿掉，这样你就能将原型扩展板平放在你的工作台上，保证元器件在它们自己的位置。

首先焊接适配座，防止它们从原型扩展板上掉下来。这也给了你一个练习焊接的机会。

接下来是二极管、MOSFET 及电阻。记住我们想利用它们的引脚（在板子底面）来连接。将元器件贴近原型扩展板好让元器件能固定死，然后将引脚弯曲贴着原型扩展板底部焊接到需要连接的地方。你不需要将引脚绕在焊接处，引脚能接触到焊接处的焊盘就足够了。要确保焊锡将所有的引脚都连在一起了。

当你完成一个连接的焊接后，尽可能贴着焊点剪掉引脚多余的部分。你也不希望多出来的引脚之后接触到其他什么地方吧。详细的细节可以参考 Adafruit 的教程《完成一个漂亮的焊点》（*Making a good solder joint*）。

当你剪掉焊接后多余的引脚或导线时，要确保你把所有剪下来的东西都扔掉了。如果有一些残留在板子上或是你的工作台上，可能会使其接触到它们不该连接的地方，从而造成短路。

MOSFET 的源极都要连到 GND，所以它们可以连在一起。你可以使用电阻的长引脚将 3 个部分连在一起，这样会形成一排接地点，之后任何想接地的连接都可以接到这里。这种公共的连接点通常叫作总线。注意现在我们的地总线还没有连接 Arduino 的 GND。我通常把这个问题放在后面解决，现在处理可能会占用一个我们稍后要用的过孔，不过我们要记住最后要把它们连在一起。

图 8-20 展示的是扩展板的底面，所有的引脚都被掰弯并焊接在扩展板上。阴影的区域表示这是继电器适配座的底面，而小的圆锥表示这是焊点。

现在你可以装上螺钉式接线端子了。焊接之前，确保用来接线的开口方向正确，朝着板子的外面！（我常犯的另一个错误。）最后我们还是要强调元器件要贴紧原型扩展板。我们稍后再说插排。

在这里，说明一下螺钉式接线端子的用途是一个好主意。制作一个如图

8-21 所示的文档，这样你就不会忘了，同时也会避免以后连接错误。

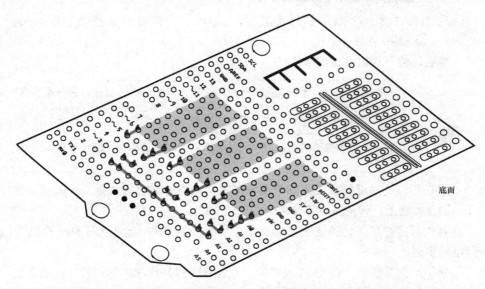

底面

图 8-20　包含了继电器适配座、MOSFET和二极管的底面视图

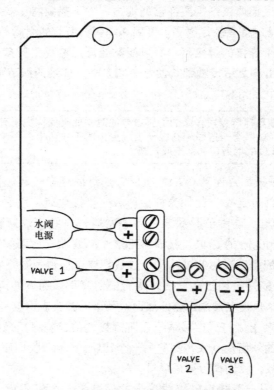

图 8-21　说明螺钉式接线端子用途的文档

现在可以添加指示用的 LED 及相关的二极管和电阻了。我们再强调一下，通过巧妙地放置这些元器件能够利用引脚完成连接。注意这个特殊的原型扩展板有几行是 3 个过孔连在一起的。我使用这些过孔来帮助我完成连接。记住，LED 和二极管是有极性的：每一个 LED 的正极（较长的引脚）要连接到螺钉式接线端子上，同时二极管的正极连到 LED 的负极。

注意这里有两条总线，分别是 5V 和 GND，这两条总线我们没有用，这一点非常重要，所以当你连接 LED 时要非常小心，不要让 LED 的引脚碰到这两条总线。如果不小心将 LED 接到 5V 上或 GND 上，就有可能将水阀电源的 24V 引到 Arduino 上，这会造成 Arduino 的损坏。为了安全起见，你可以剪一段电工胶带将这两条总线贴起来。底面的总线也是一样，要避免不必要的接触。

图 8-22 所示的元器件都装得相当高，这是为了你能够看到它们是如何连接的，不过当你搭建电路的时候，最好让它们尽量贴近原型扩展板，就像我们之前做的一样。记住这个图有一些变形，扩大了某些区域，不过过孔是准确的。

以后的图片中我们去掉了很多之前步骤当中的元器件，这样你能够将每一步中的元器件及其位置看得更清楚。

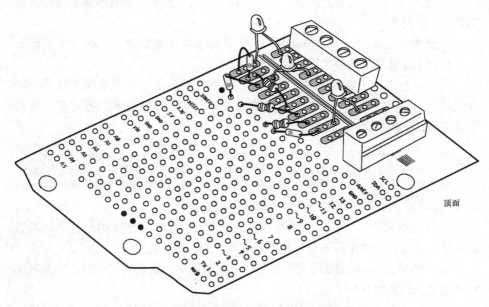

图8-22　摆放了LED、电阻和二极管的顶面视图

图 8-23 是底部视图，像之前一样，我们使用元器件的引脚来连接彼此及螺钉式接线端子。我们现在会发现之前制作的说明螺钉式接线端子用途的文档真的很好，因为现在我已经不知道那个螺钉式接线端子是干什么的了。

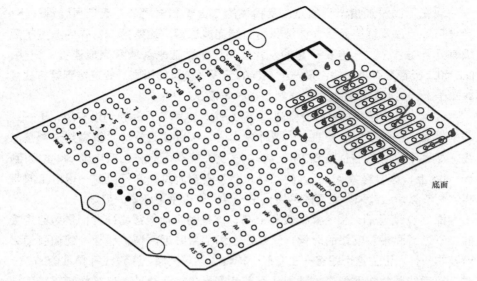

图8-23 底面视图显示了LED的引脚连到了螺钉式接线端子的引脚

注意 IOREF 附近的黑色圆圈，这个过孔是连到了地上，除非你需要接地，否则别用这个过孔。

这是非常复杂的一节，仔细学习，除非你确切地知道这个元器件是干什么的，并确信放在了正确的位置上，否则不要焊接。

现在，所有的元器件都在扩展板上了，剩下的你必须使用导线连接了，可以使用 22 号 AWG 导线。小几号的导线也能用，不过可能会有一些问题。使用适合你项目的就行。

 选择一个一致的颜色方案：红色导线表示连接 5V，黑色导线表示地。其他的你可以自己决定，但是不要再用红色和黑色了。你可以使用橙色导线连接水阀电源正极，绿色导线连接水阀电源负极。任何连在一起的导线颜色应该是一样的，任何不同颜色的导线都不应该接在一起。

一般的原则是这样的：顶面的导线要连接到目标引脚旁边的过孔中，然后在底面，像之前掰弯引脚一样，将导线折向目标引脚并完成焊接。

所有的 Arduino 引脚都有它自己的过孔，所以你不需要弯曲导线，只要把它焊在相应的过孔里就行了。

有时你根本无法从顶面连接到目标引脚。这时，你可以考虑从底部连线，不过一定要确保导线尽可能地贴近原型扩展板。

让我们开始连接与 MOSFET 相关的电路。我们已经完成了所有能用引脚完成的连接。现在我们需要将所有继电器 1 脚都连到 5V 上。我用红色导线进行连接，效果如图 8-24 所示（记住我们以后会连接 GND）。

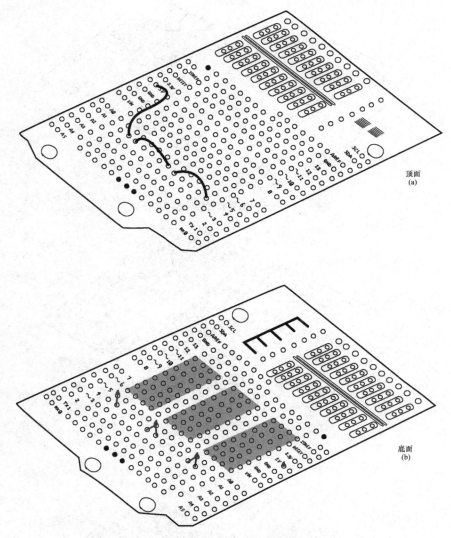

顶面
(a)

底面
(b)

图8-24　将5V连到继电器的电路中

　　接着，连接所有螺钉式接线端子的正极。这些连接都在板子的底面，如图8-25所示。确保没有任何引脚或焊锡碰到 5V 和 GND 的总线！

　　连接 LED/ 电阻 / 二极管的电路到螺钉式接线端子的负极。保持中间过孔的干净，因为之后我们要通过这个过孔来连接继电器。这里，我在顶面连了两根导线，在底面连了一根导线。如图 8-26 所示。

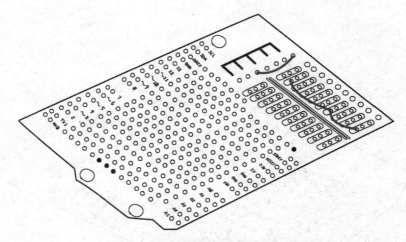

图8-25　连接所有螺钉式接线端子的正极

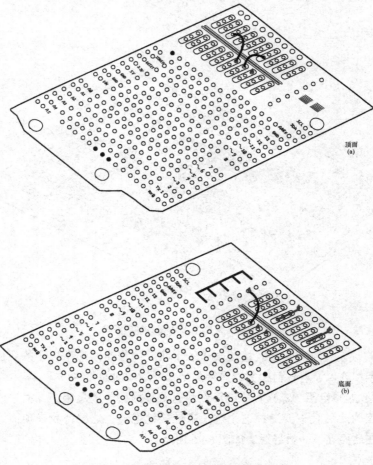

顶面
(a)

底面
(b)

图8-26　连接螺钉式接线端子的负极

现在连接每个继电器的 8 脚到相应螺钉式接线端子的负极，如图 8-27 所示。

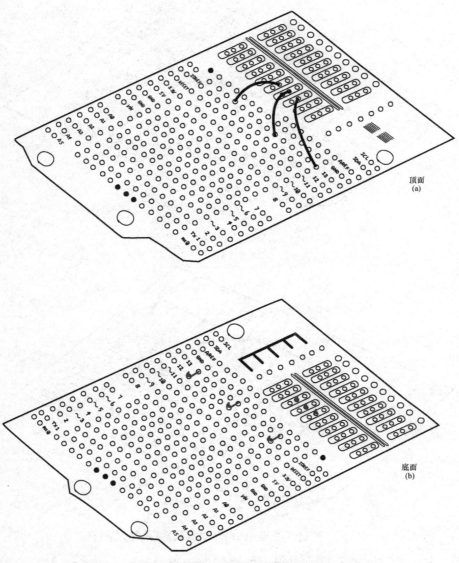

顶面
(a)

底面
(b)

图8-27　连接每个继电器的8脚到相应螺钉式接线端子的负极

所有继电器的 4 脚都要连接到水阀电源接线端子的负极。这里有两条导线在顶面，一条导线在底面，如图 8-28 所示。

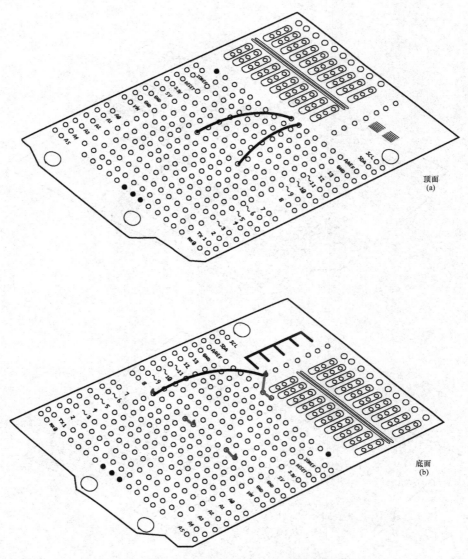

顶面
(a)

底面
(b)

图8-28　连接所有继电器的4脚到水阀电源接线端子的负极

接下来，连接 Arduino 的数字引脚到 MOSFET 的栅极，如图 8-29 所示。记住 Arduino 引脚旁边的过孔是和 Arduino 的引脚连通的，所以你不需要弯曲导线，直接将导线焊在相应的过孔里就可以了。

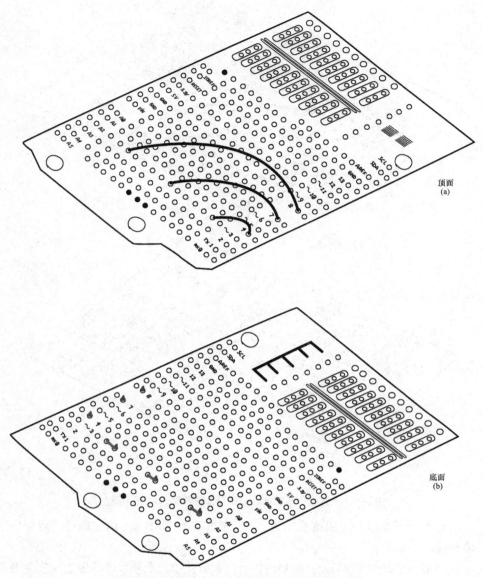

顶面
(a)

底面
(b)

图8-29　连接Arduino的数字引脚到MOSFET的栅极

　　最后，增加两个插排：一个用来连接 RTC，另一个用来连接 DHT11。然后将两个插排连接到对应的 Arduino 引脚上。不要忘了 DHT11 需要一个 $10k\Omega$ 的电阻，焊接效果如图 8-30 所示。我还趁机把我们之前焊接的总线地连接到了 Arduino 的 GND 上。

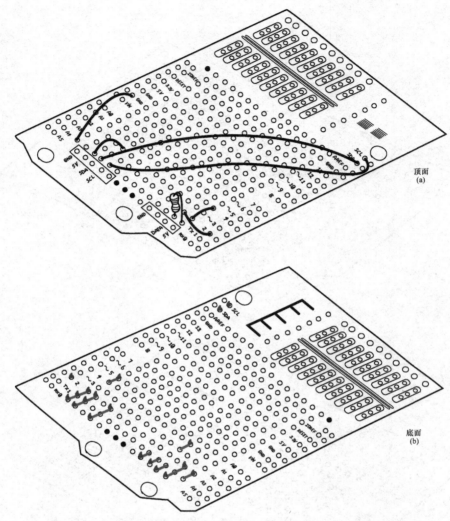

顶面
(a)

底面
(b)

图8-30　将连接RTC和DHT11的插排连到Arduino的引脚上

记录一下插排各个引脚的功能，保证连接 RTC 和 DHT11 的正确性（用记号笔标注一下最好了）。

最后一步是焊接 Arduino 接口的插针或长脚插排，之所以最后做这一步是因为我们要在原型扩展板的底面完成长脚插针的焊接工作。虽然你不需要所有的引脚，不过为了增强结构的强度及考虑未来可能的扩展性，我们把所有引脚都焊上是非常明智的。

不要忘了插针要朝下，就是说要像图 8-34 一样朝向 Arduino。确保引脚垂直，这样它们才会顺利地插到 Arduino 接口当中。

当你做完所有这一切之后，下面就是测试的时间了。

8.7.4 测试焊接完成的原型扩展板

首先在没有水阀和水阀电源的情况下测试你的原型扩展板。将原型扩展板插入 Arduino 当中，确保原型扩展板的插针正确地插到 Arduino 接口当中。查看两者之间的空隙，保证原型扩展板的底面没有任何东西接触到 Arduino。如果有接触，你需要用一些绝缘胶带避免接触。

通过 USB 线将 Arduino 连在计算机上，观察 Arduino 的电源灯是否正常被点亮，如果没有，就意味着你的电路存在短路，而你的计算机为了保护自己关闭了 USB 端口。拔掉 USB 线，在进行下一步之前查看是什么问题。

接着你可以插上继电器试试。记住继电器是有方向的，有条纹的一端是引脚 8 和引脚 9。烧写例程 Blink，每一次测试不同的继电器。让继电器工作一段时间，确认它们都能正常运行。

接着再测试水阀电源和指示 LED。水阀我们放在最后测试。

连接水阀电源到螺钉式接线端子，如果水阀是 DC 的，注意电源的极性。

再次烧写例程 Blink 测试每个继电器。这次，我们还要看看对应的指示 LED 是否会被点亮。

现在添加水阀并检测它们，还是用例程 Blink 完成这一步操作。

然后测试 RTC 和 DHT11。插上 RTC，确保 RTC 的引脚正确。使用 RTC 的例程进行测试。

在测试 DHT11 传感器之前，制作一段能连到门外的导线。使用在焊接原型扩展板时确定的颜色方案，电线使用多芯的导线，因为这种线更柔软（见图 8-31）。为了看起来更专业，焊接之前剪 6 小段热缩管套在导线上（每条导线两段）。当你将导线焊接在插针和传感器上之后，将热缩管滑过来套在焊点上，然后加热热缩管并使其收缩裹在焊点上。我喜欢使用透明的热缩管，这样如果焊点断开，你就能清晰地看到，而且透明的热缩管看起来更有"开放"的精神。

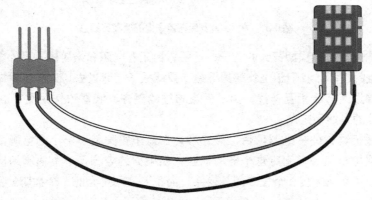

图8-31　在插针和DHT11传感器之间添加一个长导线

实芯线只能用在不会移动的地方，比如，当两个断点要焊在一块板子上的时候。

多芯线常用在相互移动的两个东西上，比如两个板子之间，或是从板子到连接器之间。

我看到很多项目失败是因为频繁地移动造成实芯线断开。

将 DHT11 传感器的插针插入相应的插排，注意引脚的位置要正确。用 DHT 测试例程测试传感器。

8.7.5　将你的项目装在盒子中

现在我们需要考虑将你的项目安装在一个盒子中。你最好找一个不是太深的盒子，这样容易安装。将所有的东西都摆在一起，记住 Arduino 上面要装一个原型扩展板，原型扩展板上面可能还竖直插着一个 RTC，我们要加上它的高度。Arduino 下面还应该装上几个脚，我们称为隔离支架。用螺钉将隔离支架固定在 Arduino 上，同时用另外的螺钉从背面将隔离支架固定在盒子上，操作如图 8-32 所示。

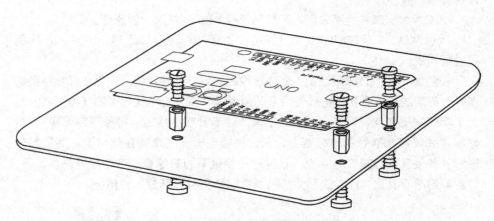

图 8-32　Arduino 安装在盒子里的隔离支架上

要找一个比你预期更大的盒子，不要忘记还有电源和连接器，另外导线还要占用一定的空间。我们希望外部的导线不要从板子上跨过去，这样当系统工作时或移动导线时不会相互干扰。为了保证布线的整齐，我喜欢使用图 8-33 所示的带不干胶的线缆固定贴。

像我们这样的多电源项目，最好考虑在盒子里安装一个小的电源插座。使用一段强力双面胶带固定这个电源插座，如果你的电源是 2 个插脚的，那可以使用一个 2 个插脚转 3 个插脚的转换头，而不要使用更大的 3 个插脚的插座。

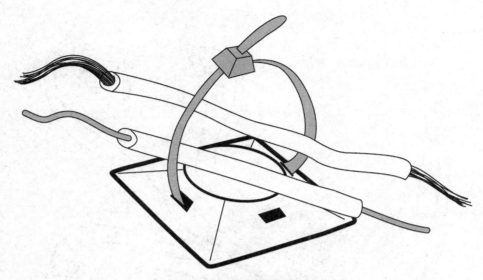

图8-33 用带不干胶的线缆固定贴固定导线

这样我们就产生了新版本的购物清单（版本 0.6）。

- 盒子。
- 隔离支架。
- 安装用的螺丝螺母。
- 线缆固定贴。
- 扎带（可以从 Jameco 购买）。
- 强力双面胶（比如 Digi-Key 上编号为 M9828-ND 的产品）。
- 电源插座。

我喜欢让 Arduino 远离电源。你应该将 Arduino 安装在底部附近，这样从水阀和 DHT11 传感器过来的导线就可以从底部进入盒子，而不会靠得太近。当把导线连接到螺钉式接线端子的时候，或是安装 Arduino 的时候，我希望能够有空间来操作螺丝刀。

USB 线能够从任何方向引出。

你应该习惯性地保证外接的导线笔直且整齐，这会让你的项目尽早完成。

图中我省略了很多原型扩展板上的东西，这样能较为容易地看出各个部分之间是怎样连接的。我只画了一个线缆固定贴，不过你应该使用很多线缆固定贴来保证导线的整齐。在导线离开盒子之前都要使用线缆固定贴。这个过程实际上是在梳理导线：重点是要在合适的位置安装线缆固定贴，而不是具体的电路连接。

就像前面我们反复强调的那样，如果你使用的是 DC 系统，要注意水阀电源的极性。完成后的全自动浇灌系统如图 8-34 所示。

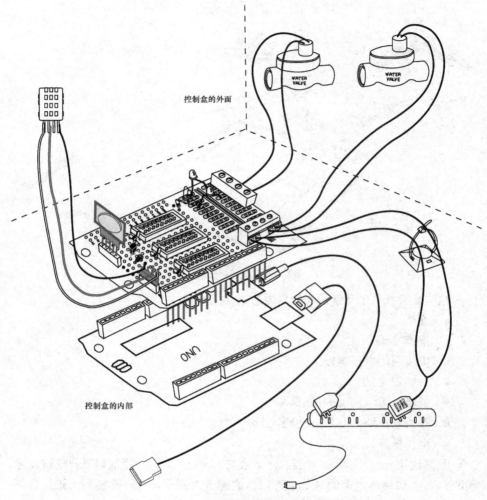

控制盒的外面

控制盒的内部

图8-34 完成后的全自动浇灌系统

8.7.6 测试最终的自动浇灌系统

项目测试还是从独立的模块测试开始，只要项目允许，你能以任何方式进行。

首先，在没有电源连接的情况下测试 Arduino 和原型扩展板。这意味着需要用你的计算机给 Arduino 供电。像之前操作的过程那样，使用例程 Blink 测试每一个数字输出。在没有水阀电源的情况下，LED 是不会亮的，但你应该能听到继电器吸和的声音。使用 DHTtester 测试 DHT11 传感器，用例程 ds1307 测试 RTC。

可能这看起来像是复制了我们焊接完成原型扩展板后的测试过程，不过这是有原因的：在继续之前，你需要确认之前的工作没有对整个系统造成任何影响。

现在接上 Arduino 的电源，断开你的计算机。确认你的 Arduino 能正常供电，如果你能听到继电器吸和的声音（使用例程 Blink），那就说明程序在正常运行。

最后，连接水阀电源，烧写真正的程序，然后像之前一样通过设置 3 个不同的时间来测试水阀。同时检查每一个对应的 LED、水阀及水流。

现在在你的花园里好好放松休息一下吧，你已经做了很多了！

祝贺你！这是一个复杂的项目！给你的项目照些照片吧，同时也可以将其发到 Arduino 的博客上。

8.8　额外的尝试

这是一个复杂的项目，我们用到了很多不同的元器件。还有很多不同的事你也可以尝试一下，以下是一些建议。

- 修改程序，允许一天之内多次开关水阀。
- 允许一周当中的每一天执行不同的时间表。
- 增加表示时间已设定的指示 LED。当系统重启时点亮 LED，完成第一次的时间设置之后熄灭 LED。这个功能在你的 Arduino 失去电源并重启时非常有用，此时 Arduino 会忘记你之前的开关时间的设定。
- 增加一个 LCD（液晶显示屏）显示当前的时间和设置。
- 还有更多的建议：我们使用的 RTC 模块内有一个小的存储空间能够在模块断电之后记住并继续计时。你可以研究一下如何使用这种技术，并将开关的时间设定保存在存储空间中，这样当你的 Arduino 重启时，仍然会记得之前的设置。

8.9　浇灌项目购物清单

方便起见，这里我们列出最终版购物清单。

- 1 个实时时钟 (RTC)。
- 1 个 DHT11 温湿度传感器。
- 1 个 Arduino 原型扩展板。
- 3 个电动水阀。
- 1 个水阀配套的变压器或电源。
- 3 个控制水阀用的继电器。
- 3 个继电器用的适配座。
- 3 个用作水阀工作指示的 LED。

- 3 个 LED 配套的 1kΩ 电阻。
- 1 个给 Arduino 供电的电源。
- 3 个控制继电器的 MOSFET，2N7000，10 支装。
- 4 个 10kΩ 电阻，10 支装。
- 6 个二极管，1N4148 或等效的，25 支装。
- 3 个继电器（比如 DS2E-S-DC5V，像 Digi-Key 上编号 255-1062-ND 的产品）。
- 4 个 2 位螺钉式接线端子（如 Jameco 上编号 1299761 的产品）。
- 插排，0.1" 间距，5 支 20 芯单排。
- 插针 Male headers, 0.1" 间距，10 支 36 芯单排。
- 盒子：自己决定或使用一个塑料储物盒 [比如，Sterilite 或合适的金属盒（从 Automation 4 Less 应该能找到)]。
- 隔离支架。
- 固定螺钉，隔离支架到盒子。
- 固定螺钉，Arduino 到隔离支架。
- 线缆固定贴。
- 扎带。
- 强力双面胶（比如 Digi-Key 上编号 M9828-ND 的产品）。
- 带延长线的电源插座，至少 2 个位置。

9　Arduino ARM 系列

最初的 Arduino 系列是基于 Atmel AVR 8 位微控制器的。这些控制板在价格、抗干扰性和易用性方面都非常出色，但有限的处理速度和较小的内存使其难以支持现代的网络协议。Arduino 充分利用了基于 ARM 架构的低成本 32 位微控制器的优势，设计了一系列功能更强大、更灵活的控制板。

9.1　AVR 和 ARM 之间的区别

AVR 和 ARM 都指的是芯片的系列。AVR 架构由 Atmel 开发，然后由 Atmel 自己生产（Atmel 现在已经被 Microchip 公司收购）；而 ARM 架构由 ARM 公司开发，然后授权给其他公司生产。

AVR 和 ARM 都是微处理器。AVR 从不以独立微处理器的形式出现，而是始终与存储器、输入 / 输出端口和其他外围设备集成以构成微控制器。而 ARM 既可以作为微控制器的一部分使用，也可以独立作为微处理器使用。

基于 AVR 的微控制器系列从相对简单且速度较慢的 8 位处理器开始，之后产品线又发展出 16 位处理器和 32 位处理器。AVR 处理器从一开始就被设计为微控制器的核心，具有用于单独操作输入 / 输出端口的有效指令，而更通用的 ARM 处理器则缺少这些特性。

基于 ARM 的微控制器通常是 32 位的，具有更复杂的外围设备、更大的内存，并且其运行速度明显高于基于 AVR 的芯片。

9.2　什么是 32 位真正的区别

在前面的内容中，"8 位""32 位"和"64 位"这些短语非常频繁地出现，但它们的真正含义是什么呢？它们意味着微控制器的内部可以同时传输多少位的数据。如当 32 位微控制器想要从内存中获取信息时，单次获取的信息量是 8 位微控制器所获取信息量的 4 倍，这就像 32 车道的高速公路一次行驶的汽车数量是 8 车道高速公路的 4 倍。此外，这也意味着大多数内部处理（例如数值计算）也是一次处理 32 位。这样就能让数值计算更快。如果再加上更快的时钟速度，那么这些芯片或控制板就能适用于更大的程序和更复杂的计算，而 8 位微控制器可能无法足够快地读取传感器、分析数据、作出决策和输出控制信号。

9.3 微控制器和微处理器有什么区别

其实两者之间没有明确的界线，不过我们可以简单这样来划分。

微控制器被设计成独立的设备，可用于控制各种机器。这种情况下，它被称为嵌入式控制器。除处理器之外，微控制器还包括保存程序和数据的存储器，以及一些其他的外围设备，比如定时器、输入/输出端口及模数/数模转换器。微控制器的输出通常能够提供足够的电流来驱动 LED，甚至是小型继电器。微控制器通常没有操作系统，而只运行控制机器所需的程序。微控制器设计用于构建具有尽可能少的外部组件的嵌入式系统。

微处理器只是计算机的核心，它要从内存中读取数据，然后处理数据后将结果存储回内存。微处理器的设计定位是更大系统的一部分，所以并不包含内存和外围设备。由于设计定位是连接其他集成电路，因此微处理器提供电流的能力也非常有限。这个电流足以与其他集成电路通信，但其驱动能力可能连 LED 都点不亮。微处理器的范围包括从微控制器中使用的非常简单且相对较慢的微处理器到非常复杂且高速的微处理器，后者例如现代台式计算机中的微处理器。

9.4 AVR 和 ARM 哪个更好

这个问题的答案完全取决于你想要做什么作品。一般而言，基于 AVR 的系统会更便宜且更易于设计和编程。相对地，如果需要更大的内存，以及更快、运行更复杂程序的系统，那么可能更适合使用基于 ARM 的设备。

如果你刚开始学习，可以从基于更简单、更常见的 AVR 系列的 Arduino 控制板开始。如果你对 Arduino 电路和程序已经比较熟悉了，并且需要无线网络或复杂数值计算等特殊功能，那么基于 ARM 的 Arduino 可能更合适，因为增大的字长、运算速度和内存将能够更好地处理更大、更复杂的程序。

你选择基于 ARM 的 Arduino 控制板的另一个原因可能是你想使用网络。除有更大的空间（256KB Flash 和 32KB SRAM，而 Uno 为 32KB Flash 和 2KB SRAM，另外所有基于 ARM 的 Arduino 控制板上，还有 1MB Flash 和 256KB SRAM 的 BLE 和 BLE Sense）和更快的速度外，基于 ARM 的 Arduino 控制板非常适合处理有线或无线网络协议。正如你将在以后看到的，大多数基于 ARM 的 Arduino 控制板都支持一种或多种无线网络协议。

9.5 介绍基于 ARM 的 Arduino 控制板

本小节我们来介绍一下 ARM 系列的 Arduino 控制板。这些控制板使用了 3 种 ARM 内核：Cortex-M0、Cortex-M0+ 和 Cortex-M4。

ARM Cortex-M0 内核针对用 32 位微控制器替代 8 位微控制器进行了低成本优化。Cortex-M0+ 经过进一步优化，以降低功耗并增加了一些新功能。Cortex-M4 是一个功能更强大的内核，其具有一系列新功能，添加了数字信号处理（Digital Signal Processing，DSP）指令和可选的浮点处理单元（Floating Point Unit，FPU），旨在支持电机控制、汽车、电源管理、嵌入式音频和工业自动化等行业。DSP 指令和 FPU 使 Cortex-M4 能够极快地执行数值运算。

在撰写本书时，Arduino ARM 系列包括以下 10 个。

* Arduino Zero（Uno R3 封装，ARM Cortex-M0+ 微控制器）。
* Arduino Nano 33 BLE（Nano 封装、ARM Cortex-M4 微控制器、BLE 和蓝牙无线协议）。
* Arduino Nano 33 BLE Sense（Nano 封装、ARM Cortex-M4 微控制器、BLE 和蓝牙无线协议）。
* Arduino Nano 33 IoT（Nano 封装、ARM Cortex-M0+ 微控制器、Wi-Fi、BLE 和蓝牙无线协议）。
* Arduino MKR Zero（MKR 封装，ARM Cortex-M0+ 微控制器）。
* Arduino MKR WAN 1300、1310 -[MKR 封装、ARM Cortex-M0+ 微控制器、LoRa（低带宽、长距离）无线协议]。
* Arduino MKR Vidor 4000 -（MKR 封装、ARM Cortex-M0+ 微控制器、Wi-Fi、BLE 和蓝牙无线协议）。
* Arduino MKR NB 1500 -（MKR 封装、ARM Cortex-M0+ 微控制器、基于 4G GSM 协议的网络）。
* Arduino MKR Wi-Fi 1010 -（MKR 封装、ARM Cortex-M0+ 微控制器、Wi-Fi、BLE 和蓝牙无线协议）。
* Arduino MKR GSM 1400 -（MKR 封装、ARM Cortex-M0+ 微控制器、基于 3G GSM 协议的网络）。

9.6 特殊功能

其中一些控制板具有某些特殊功能。Arduino MKR Zero 有一个 I²S 接口和一个 SD 卡插槽。I²S 是一种数字音频接口。凭借这些功能，MKR Zero 可以播放和分析音频文件，并可以直接连接其他支持 I²S 接口的数字音频设备。

除所有这些控制板上常见的 ARM 微控制器外，Arduino MKR Vidor 4000 还包括一个称为现场可编程门阵列（Field Programmable Gate Array，FPGA）的设备。FPGA 包含大量存在于每个数字集成电路中的基本硬件模块（门），这些模块的连接方式可以通过软件进行控制，因此，FPGA 理论上是允许你设计集成电路的，不过这超出了本书的范围。由于这个设计是在硬件而非软件中实现的，因此在 FPGA 上实现的项目速度非常快。例如，Arduino MKR Vidor 4000 包括一个 micro HDMI 接口，它的速度足以实时生成视频帧。

9.7 操作电压

与 5 V 电压下运行的 Arduino Uno 相比，所有 ARM 控制板都在 3.3V 电压下运行，因此它们可以使用单节可充电锂离子或锂聚合物电池。一些控制板，例如 MKR Wi-Fi 1010 和 MKR WAN 1310，会包括一个电池接口和充电电路，只要有 USB 电源，就可以为电池充电，这使得这些控制板成为电池供电无线项目的理想选择。

在 3.3V 电压下运行意味着在连接 LED 和传感器等外部组件时必须考虑到这一点。开关和电阻类传感器，例如我们在第 5 章"使用光敏传感器代替按键"中了解的 LDR，它们是可以正常工作的，但是为 5V 电压设计的有源传感器，例如在第 8 章"测试温湿度传感器"中使用的传感器在 3.3V 电压下可能就无法正常工作了。在电路中混用 3.3V 和 5V 组件时必须格外小心，特别是大于 3.3V 的电压绝不能加在 3.3V 组件的任何引脚上。

9.8 驱动电流

在第 5 章的"驱动较大功率的负载（电机、灯泡等）"中，我们了解到 Arduino 上的每个引脚输出的电流最大为 20mA。在 Arduino 网站上查看"技术规格"下"每个 I/O 引脚的直流电流"，你会发现对于所有基于 SAMD21 微控制器（即上面的 ARM Cortex-M0+）的 Arduino 控制板来说，这个数字只有 7mA！假设在最坏情况下，LED 电压为 1.8V，则 3.3V−1.8V=1.5V 电压给电阻，通过欧姆定律求解的电阻为 $R = V/I = 1.5/0.007 = 220$（$\Omega$）。这意味着你应该为 LED 串联一个至少 220Ω 的电阻，如果你的 LED 亮度太暗，那么就需要使用晶体管了。

9.9 数模转换器

尽管所有 Arduino 都支持 analogWrite( ) 函数，不过在第 5 章的"用 PWM 控制灯光的亮度"中，你已经了解到 Arduino 是使用脉冲宽度调制 (PWM) 来模拟电压信号的。这种虽然可以很好地控制 LED 的亮度和电机的转速，但有时你可能需要真正的模拟电压。在这种情况下，基于 ARM 的控制板就是理想的选择，因为它们包含一个称为数模转换器（DAC）的设备。正如你想象的那样：你给它一个数字，它会产生一个与该数字成比例的电压。这对于控制各种设备非常有用。

具有 DAC 的 Arduino 控制板包括：Arduino Zero、Arduino Nano IoT、Arduino MKR 1010、Arduino MKR WAN、Arduino MKR NB、Arduino MKR GSM 和 Arduino MKR Vidor 4000。

9.10　USB Host

基于 SAMD21 微控制器（即上面的 ARM Cortex-M0+）的 Arduino 控制板可以将 USB 端口配置为 Host（主机）模式。这意味着，你的基于 SAMD21 的 Arduino 并不是只能作为从机等待 USB Host 连接，而且还可以成为一个 USB Host，主动地启动与 USB 设备（如键盘或鼠标）的连接。此外，这些控制板还可以伪装成 USB 设备，例如键盘或鼠标，以控制连接的计算机，或是给所连接计算机上的程序发送数据。

Nano 和 MKR 封装

除采用传统 Arduino Uno R3 封装的 Arduino Zero 外，其他所有基于 ARM 的 Arduino 控制板都采用 Nano 或 MKR 封装。除尺寸之外，它们引脚的接口也不同：代替 Arduino Uno 在控制板上安装的插排，Nano 和 MKR 封装在底部安装插针，这样它们更适合直接插在面包板上。同样，Uno 的扩展板是装在控制板上方的，而 MKR 或 Nano 的扩展板是要接在控制板下方的。

10 ARM网络通信：网络"碰拳礼"

正如前面所说的，这些功能强大的基于 ARM 的 Arduino 控制板，其一大优点就是能够处理复杂的网络协议。本章我们将向你展示基于 MKR Wi-Fi 1010 制作一个简单的网络项目。通过这个控制板的名字能够看出来，这种类型的控制板有一个内置模块能够连接到 Wi-Fi 网络，从而连接到互联网。（这个项目也可以在 Nano 33 BLE 上实现，因为这类控制板具有内置 Wi-Fi，相比而言只是缺少了 MKR 上的板载电池接口。）

这个项目的灵感来自 Michael Ang，他在一次工作面试中展示了这个想法，而 JavaScript 和 Glitch 的部分则来自 Jack B. Du。

10.1 网络"碰拳礼"

这个项目会允许某人从世界任何地方通过网络向你发送碰拳礼，具体的操作只需单击网页即可。

我们大多数家庭中会有一台连接互联网的"猫"（调制解调器），以及一个通常用来提供有线以太网端口和无线 Wi-Fi 网络的路由器。即使你家中有多个设备连接到互联网，但你家也只有一个对外的 IP 地址。

当你浏览网站或查看电子邮件时，你的路由器会跟踪发出该请求的计算机，当返回网站或电子邮件信息时，它会被路由到正确的计算机。这就是你内部网络（通常称为局域网）上的多台计算机独立访问网络上其他计算机上的信息的方式。

但是，如果局域网之外的人想要访问内部局域网上的计算机（或是服务器），这是无法做到的，因为你的路由器不知道将消息路由到哪台计算机。（显然这对你的计算机安全也有好处。）如果这样，别人怎么给你发"碰拳礼"呢？

10.2 介绍MQTT（消息队列遥测传输）协议

互联网上的通信会使用一堆协议。最低级别的协议直接与硬件接口相关，而高一级别的协议只需要处理好比它低一个级别协议的接口即可。这种形式就让大家可以开发各种协议而无须重新实现较低级别的协议。在数据方面，较低级别的协议仅仅处理单个字节，略高一些级别的协议是将字节分组为数据包的协议，而更高级别的协议是将数据包分组为各种消息的协议。在每一层都有多种具有不同特性的协议可用，选择哪种协议取决于你要完成的任务。这里我们将使用一种称为 MQTT 的协议，它是在多个设备之间实现近乎实时短消息通信的绝佳选择。

一个 MQTT 系统由一个或多个客户端和一个代理组成，代理负责将消息从一个客户端中继到另一个客户端。客户端可以生成、接收或同时生成和接收消息。每个客户端（如 Arduino）都分配有一个 ID，客户端可以在一个或多个主题上生成消息（例如，每个连接的传感器都有一个主题）。消息使用客户端 ID 和消息主题进行标识。

接收消息的客户端会（通过代理）订阅一个或多个主题。当代理收到一条消息时，它会将消息转发给在消息主题上注册的每个客户端。

这个方案的优势在于，如果代理是在广域网上，而不是在你家里，那么就可以在任何地方通过网络访问它，这样就实现了局域网上的客户端（你的 Arduino 或某人的浏览器）相互发送消息。

MQTT 是一个协议，而不是一种产品。你可以编写自己的 MQTT 代理，也可以在众多的 MQTT 代理之中选择一个安装，再或者可以使用已经在网络上运行的公共代理。本书将使用 shiftr 网站提供的代理，该公司提供了一个有一些限制但免费使用的公共代理。我们将创建两个客户端：一个运行在 Arduino MKR Wi-Fi 1010 上，另一个是网页。我们将把网页托管在 Glitch 网站上提供的另一项免费服务上。与 shiftr 网站类似，Glitch 网站提供了一个有一些限制但免费的 Web 服务器。

本项目分为以下 4 个部分。

（1）硬件电路及物理结构。

（2）shiftr 网站上的代理。

（3）Arduino 代码。

（4）Glitch 网站上的网页，包含 JavaScript 代码。

10.3 网络"碰拳礼"：硬件部分

该项目的电路很简单，只需要一个舵机（如图 10-1 所示），以及一个面包板和一些跳线 [4]。

在第 5 章的"驱动较大功率的负载（电机、灯泡等）"中，我们学会了如何控制一个简单的直流电机。这种类型的电机旨在快速连续转动，很适合制作风

---

[4] 所有这些零件都包含在前言提到的套件中。

扇。但是，如果我们需要将某个物品移动特定的距离，直流电机就不太好用了。舵机（也叫伺服电机）是用来操作航模飞机的控制面的，它的运动非常精确。之所以这样，是因为舵机内部有一个反馈：舵机内有一个用于检测轴的旋转位置的传感器，以及一个控制板，控制板上的电路会让电机沿适当的方向旋转以将轴转动到指定的位置。舵机内还包括齿轮箱，这个齿轮箱会将内部直流电机的高旋转速度降低到一个合适的速度，同时按比例增加扭矩。大部分舵机不会连续旋转，它只能旋转180°。虽然这可能看起来很奇怪，但请记住它们是为操作航模飞机上的控制面而设计的，例如尾舵。尾舵的旋转是不超过180°的。

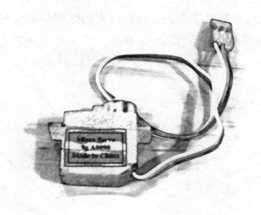

图10-1　舵机

即使不被用来制作航模飞机，舵机也非常有用。想象一下，你可以制作一个电子人偶，这个人偶的眼睛会左右转动，眼睑会打开、合上，头部也会左右旋转。这些动作都不会超过180°，许多电子动画木偶使用的是舵机。

从元器件接口来看，舵机也与直流电机不同：直流电机只需要两条线，在两条线之间施加合适的电压，电机就会转动。而舵机有3根线，两根线是电源线，需要施加5～6V的电压，第三根线是信号线。控制信号是一个特定宽度的脉冲，这个脉冲持续的时间告诉舵机要转到哪个角度（0°～180°）。

舵机通常用塑料的杜邦线接头。导线的颜色含义如下。

导 线 颜 色	连接Arduino的引脚
黑	GND
红或棕	5V
白或黄	控制信号（任意Arduino引脚）

要构建电路，可以将面包线或跳线插入舵机的杜邦线接头，然后连接到你的 Arduino。理想情况下，我们最好使用相同颜色的线以避免出错。使用面包板进行连接。对于控制信号，你可以使用任何引脚。我使用了引脚 9，因为内置示例当中使用的就是引脚 9。访问 Arduino MKR Wi-Fi 1010 的产品页面，然后单击文档选项卡以查看引脚名称。

电路连好后，使用内置示例"sweep"（文件→示例→ Servo → Sweep）测试舵机是否正常工作。烧写此程序后，舵机会在 0°～ 180°来回摆动。

我们将使用舵机让一个拳头的图片靠近或远离你。你可以画一个拳头的图片或是打印一个拳头的表情符号。为了更容易将表情符号连接到舵机的输出轴上，你可以使用舵机附带的舵盘。可以用一点热熔胶将拳头粘在"手臂"造型的纸板上，然后粘在舵盘上，如图 10-2 所示。

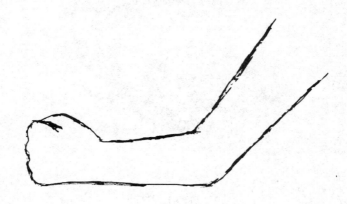

图 10-2　有拳头图案的纸板"手臂"

最后，制作一个纸板支架来固定舵机。在连接手臂之前，使用以下代码确定哪个角度对应拳头收回，哪个角度对应"碰"拳头。

例程 10-1

```
#include <Servo.h>

Servo myservo;

void setup() {
        myservo.attach(9);
        myservo.write(45); // move to position 45 degrees
}
```

```
void loop() {
}
```

注意舵机轴的位置，然后将数字 45 更改为 135 并注意舵机轴转动的方向。我的情况是，10°对应拳头收回的位置，而 170°对应"碰"拳头的位置。你需要在连接手臂之前执行此操作，以避免因意外让手臂撞到地面而损坏手臂。

更改数字以将手臂移回拳头收回的位置，然后在这个位置以适当的角度连接手臂，如图 10-3 所示。

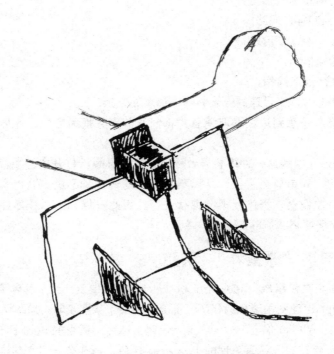

图 10-3　将带拳头的纸板手臂连接到舵机

现在我们已准备好让我们的项目联网了！

10.4　网络"碰拳礼"：shiftr 网站上的 MQTT 代理

前面介绍过，shiftr 网站提供了一个任何人都可以使用的免费公共代理。注意，其他任何人都可能访问你的消息，甚至向你发送消息。如果你想使用个人的代理，需要在 shiftr 网站上设置一个账户。使用用户名"public"和密码"public"连接到公共代理。

接着客户端 ID，我选择了"GSWA4E_ARM_Demo_Arduino"，而主题，我选择了"fistbump"。你可以将这两项更改为你想改的任何内容。我们将在下面的代码中看到如何使用它们。

10.4.1　网络"碰拳礼"：Arduino 代码

本段代码略，请在公众号"信通社区"回复"Arduino"获取相关资源。代码中的注释相当多，我在这里只笼统地描述一下。

setup() 函数做了以下 4 件事。

（1）等待串口监视器打开。

（2）连接到 Wi-Fi 网络。

（3）连接到 MQTT 代理。

（4）初始化舵机。

loop() 执行以下操作。

（1）如果与 MQTT 代理的连接断开，请重新连接。

（2）如果有消息到达，读取消息，将任意数字转换为整数，然后将该整数发送给舵机。

注意 setup() 中的第一件事将导致程序永远循环等待打开串行端口。这是为了让你有时间打开串口监视器，从而不错过任何消息。不过，这也意味着如果你不打开串口监视器，程序就不会继续进行。因此一旦你知道程序能够正常运行，可以根据需要将其删除。

10.4.2　网络"碰拳礼"：网页

网页由两个文件组成：index.html 和 sketch.js，其中 sketch.js 包含了检测鼠标单击并向 MQTT 代理发送消息的代码。而 index.html 非常简单，加载两个库（p5.js 和一个 MQTT 库）和 sketch.js JavaScript 代码，然后由适当的 html 标签括起来。

例程 10-2 代码略及所有工作的 JavaScript 代码，请在公众号"信通社区"回复"Arduino"获取相关资源。

JavaScript 代码中也有大量注释。p5.js 与 Arduino 语言有点相似，这里也有一个 setup() 函数，且该函数只运行一次，然后是一个连续运行的 draw() 函数。setup() 函数执行操作如下。

（1）创建 MQTT 对象，该对象将用于与 MQTT 库进行通信。

（2）设置回调函数，与 MQTT 代理建立连接、断开连接，以及消息到达时都会调用回调函数。

（3）在网页上创建元素以显示不同类型的消息。

（4）设置画布的背景颜色。

draw( ) 函数什么都不做，因为一切都发生在回调函数中。

大多数有意思的工作发生在 mousePressed( ) 和 mouseReleased( ) 回调函数中。这些事件会被 p5.js 系统检测到，当它们发生时，就会调用这些函数。

- mousePressed( ) 函数发送消息 [使用辅助函数 sendMqttMessage( )] 以向前移动拳头来实现"碰拳礼"的效果，同时更改画布颜色以提供一些鼠标按钮已被单击的视觉反馈。
- mouseReleased( ) 函数发送消息以收回拳头，并将画布恢复为原始颜色。

MQTT 回调函数由 MQTT 库检测和调用。

- onConnect( ) 函数订阅我们的主题。
- onConnectionLost( ) 函数仅在连接丢失时反馈。
- onMessageArrived( ) 函数打印出收到的所有消息。

现在我们需要在网上找个地方来托管这个网页。提供这种服务的网站有很多，包括付费的和免费的，我们将使用 Glitch 网站提供的服务。

（1）访问 Glitch 网站。

（2）单击"登录"。

（3）创建一个账户，或使用网站认可的其他网站账户。

（4）如果你不想创建账户，可以单击"Email Magic Link"，输入你的电子邮箱地址，然后单击链接发送到你的电子邮箱。这将为你提供一个匿名项目。

（5）你将看到"项目管理"页面，网页上显示各种可能的网站类型。

（6）单击"Hello Webpage"框中的"Remix"按钮，创建一个新项目，其中包含 4 个默认文件：README.md、index.html、script.js 和 style.css。我们只需要其中两个，不过其他两个不会影响我们，因此可以不用管它们。

（7）单击"index.html"文件，你将看到一个简单的编辑界面。删除其中所有的内容并粘贴之前展示的内容。

（8）单击"script.js"文件并粘贴之前展示的该文件的内容。

（9）将文件"script.js"改名为"sketch.js"，这是 p5 脚本文件的默认名字，也是我们在"index.html"中使用的名称。

（10）创建一个名为".eslintrc.json"的新文件。对于这个文件的内容，只需输入"{}"即可。

（11）你可能会注意到某些行上有红点（那是包含对 MQTT 和 p5.js 库的调用）。你可以通过创建一个名为".eslintrc.json"的空文件、打开终端（在左下角的"tools"菜单中）、输入"refresh"并按回车键来解决这些问题。

你可以在项目中测试网页。在左上角附近，会看到一副眼镜和"Show"的字样，单击它然后从两个选项中选择一个。通常我更喜欢"Next to the code"。你将看到我们的网页，该网页由 4 行组成，第一行显示"Click anywhere to send a fistbump（单击任意位置以碰拳）"。如果你单击此页面，就应该会看到你的舵机在转动。

如果所有这些都正常工作，你就可以将 URL 提供给世界各地的朋友。要获取此 URL，请单击右侧窗口上方的"Change URL"按钮，然后复制第一行，即你的项目的 URL。Glitch 网站会自动为每个项目分配一个新的随机 URL。将此 URL 发送给你的朋友，他们就可以向你发送碰拳礼了！

11 排疑解惑

当我们在实验的时候，总会遇到各种各样的问题，此时你需要找出问题并解决它。解决故障和调试是一种古老的艺术，这里面有几个简单的规则，不过大多数的问题是通过认真仔细的工作和注意观察细节来解决的。比聪明更重要的是细致。

你要记住的最重要的事情是你没有失败！大多数创客，包括业余的和专业的，花费大量的时间来解决他们自己制造的问题。（真的，我们在寻找问题和解决问题上能做得更好，但是我们同样也会制造更复杂的问题。）

你与电子和 Arduino 接触得越多，学习到的知识和积累的经验也越多，发现并解决问题这个过程会慢慢变得没那么痛苦。不要因为出现问题而气馁，你总会发现其实它没有你想象得那么难。你犯的错误越多，就越能找到并解决它们。

每一个基于 Arduino 的项目都包含硬件和软件，如果出现了问题，有很多方面需要去研究。当发现问题之后，你可以按照以下 3 个步骤来操作：理解、简化和分解及排除和确认。

11.1 理解

尽可能地去理解你使用的那部分是如何工作的，了解它们在整个完成的项目中承担什么任务。这种做法允许你设计一些方式来单独测试每一个元器件。如果你没准备好这样做，试着画一张项目原理图。这有助于你理解项目，同时当你需要帮助的时候，这也很有用。附录 D 单独对原理图进行了介绍。

11.2 简化和分解

古罗马有句谚语：分而治之。试着在头脑中（当然在程序中最好）将项目分解成各个部分，并利用你对各个部分的理解找出各个部分在项目不同阶段的责任。

11.3　排除和确认

在研究的时候，分别测试每一个元器件，这样你就能确认每一个元器件是否都能工作。你会逐渐建立起对项目各个部分的信心，知道哪部分正常工作，哪部分可能有问题。最好使用内置示例，因为它们不太可能有错误。

调试（Debug）是软件开发过程中的一个术语，传言是 Grace Hopper 在 20 世纪 40 年代第一次使用。当时的计算机大多数是机电式的，其中一台停止工作的原因是机器里面有一只真正的昆虫卡在元器件之间导致短路。

今天我们说的很多"虫"已经不是物理实体上的了：它们是虚拟而不可见的，至少在一定程度上是这样。因此，它们有时需要一个漫长而枯燥的过程来确认。你需要一些技巧让这些隐形的"虫子"暴露自己。

调试有点像侦查工作，这个过程需要你解释一些情况。要做到这一点，你需要做一些实验并经过实验得出一些结果。通过这些结果你再试着推断是什么造成了你的这些情况，然后再做一些实验来测试你的推断是否正确。这是基本的、真实的。

11.4　测试 Arduino 控制板

在尝试一个非常复杂的实验之前，检查一下简单的东西是非常明智的，尤其是在不会花费太多时间的情况下。首先要检查的就是你的 Arduino 控制板，还是用第一个例程 Blink，这始终是一个好的开始，因为你非常熟悉它，还因为 Arduino 上板载了一个 LED，这样你不需要任何外围的器件就能完成检查。

在你的项目连到 Arduino 上之前执行这一步。如果你已经在你的项目和 Arduino 之间连接了导线，那么拔掉所有的连接线，在这个过程中要注意每条导线都是接在什么地方的。

在 Arduino IDE 中打开最基本的例程 Blink，将程序烧写到控制板中。板载的 LED 将会以一个固定的频率闪烁。

如果 Blink 没有正常运行呢？

在你开始责怪你的 Arduino 之前，你需要按照顺序确定几件事情。这就像飞行员在飞机起飞之前，会通过一份检查单来确定飞机已经准备好起飞了。

- 你的 Arduino 通电了吗？不管是通过 USB 从计算机取电还是通过外部的电源适配器取电。如果标有 PWR 的绿灯亮着，说明你的 Arduino 有电。如果 LED 看起来非常暗，则说明你的电源有问题。

如果你使用计算机，确保计算机是开着的（是的，这听起来有点傻，不过确实发生过）。确保 USB 线两端都完全插好了。试着换一根 USB 线。检查你计算机的 USB 端口和 Arduino 的 USB 端口有没有任何的损坏。试一下你计算机上不同的 USB 端口，或是换一台计算机试试。如果有很多 USB 线在你的工作台上，确保连接计算机和 Arduino 的是同一根（没错，我犯过这样的错误）。

如果你使用的是外部的电源适配器，检查电源适配器有没有插紧。确保你的插座或是插线排是接好的。如果你的插座上有开关，确保开关打开。

（如果你使用的是非常老版本的 Arduino，检查电源选择跳线是否连接正确。现在的 Arduino 能自动选择，所以不需要这个跳线。）

- 如果 Arduino 是新的，那么在你烧写例程 Blink 之前标记 L 的黄色 LED 就应该开始闪烁了。这有点像出厂时的测试程序，但不要认为这就意味着你已烧写成功。将 delay( ) 的参数值更改为 100 让闪烁频率加快以验证你已成功烧写程序。
- 检查程序是否烧写成功。

如果烧写失败，首先通过"校验"按钮检查程序是不是有错。

再尝试着烧写一下，在很偶然的情况下，烧写会没有理由地失败。我们不做任何修改再烧写一次就成功了。

确保在工具菜单中选择了正确的控制板。当你开始收集各种不同的 Arduino 控制板时，要在控制板的选项中确定你所连接的控制板，这是一个很好的习惯。

在工具菜单中选择正确的端口。如果你在某个时刻拔掉了 Arduino，那么可能会出现不同的端口。

有时你需要拔掉 Arduino，然后再插上。如果你的串口选择菜单是打开的，你需要关闭它（只要把鼠标指针移动到其他标签页上），然后再回到"Tools → Serial Port"选择适当的端口。

有时质量非常差的 USB 线会让驱动无法找到 Arduino Uno。如果你的 Arduino 端口没有显示在端口列表中，那么试一条确认没问题的 USB 线。

一旦你成功下载了例程 Blink，同时 LED 开始闪烁。那你就能确认你的 Arduino 具有了基本的功能，可以进行下一步操作了。

11.5　测试你的面包板电路

下一步是测试你的项目中有没有 5V 和 GND 的短路。用两条跳线将 Arduino 的 5V 和 GND 同面包板的正极和负极连接起来。（注意我们遵循"分而治之"的理念只连接两根跳线，而不是你项目中所有的跳线。）如果绿色的 PWR LED 熄灭了，要立刻拔掉跳线。这意味着你的电路中有一个大问题——某处短路了。当发生短路时，你的控制板发现有很大的电流，就会切断电源以保护你的计算机。

如果你担心这可能会损坏你的计算机，那么记住绝大多数的计算机会限制 USB 设备的电流大小。如果设备的耗电量太大，计算机会立刻切断 USB 端口的电源，同样的，Arduino 控制板上也装了自恢复保险丝，这个元器件是一个电流保护设备，当故障排除后会自动恢复。

如果你真的很固执，可以将 Arduino 控制板连接到一个带电源的 USB hub。在这种情况下，如果短路依然存在，那么唯一报销的应该是你的 USB hub，而不是你的计算机。

如果你的电路存在短路的情况，那就需要开始"简化和分解"的过程了。你必须单独测试项目中的每一个传感器和执行器，然后每次只将一部分接入系统，直到你确认短路是哪一部分造成的。

或者，除此之外，移除所有跳线并重新搭建电路。通常你会自然而然地纠正你第一次的错误。第二次搭建电路时，你将获得 100% 的经验！

第一个要检查的总是电源部分（连接 5V 和 GND 的导线）。仔细查看一下，确保电路的每一部分都是正确的。最后可能的原因是导线接错了地方。也可能是搞错了元器件，比如电阻太小，或是开关、晶体管之类的把 5V 和 GND 连起来了。还有很小的可能是刚好有一根导线或一颗螺钉既碰到了 5V 又碰到了 GND。

一步步地进行，每次只调整一个部分，这是修理调试的第一规则。这条规则由我校的教授、我的第一个老板 Maurizio Pirola 让我将其深深地印在脑海里。每次我调试看起来不太好的东西时（相信我，这发生了很多次），他的脸就会出现在我的脑海中，一遍又一遍地说"一次只调整一部分……一次只调整一部分"，直到我修理好一切。这一点非常重要，因为你将知道造成问题的原因是什么。（在解决实际的问题时很容易偏离方向，这就是为什么一次只做一件事如此的重要。）

——Massimo

每一次调试的经验都会在你的脑中完善，从而建立起一个"知识库"，这个"知识库"是关于问题及可能的解决办法的。当你拥有了这个"知识库"之后，你就会成为一个专家。当一个新手说"这不工作了"的时候，你只要简单看一眼就瞬间有了答案，此时的你看起来一定酷极了。

11.6　分离问题

另一个重要的规则是找到重现问题的可靠方法。如果你的电路随机地出现异常，那就努力地试着确定是什么导致了这些异常的出现。只有当你按下开关的时候才会发生吗？还是只有当 LED 亮起来的时候才会发生？再或者是每当你移动跳线的时候会发生？（很多问题就是导线松了造成的，或是没连到该连的地方，又或是连到了不该连的地方。）试着重复导致出现问题的步骤，关注每一个细节，同时再稍微做一些调整：每一次 LED 亮起来的时候都会发生吗？或是只有在按下按键的时候 LED 亮起才会发生？这个过程会让你思考出现问题的原因。另外当你需要给别人解释发生了什么的时候，这个过程也会很有帮助。

一般都很难找到导线松动的地方。尝试轻轻摆动电路的不同部分，当你确定存在问题的区域时，放慢速度并一次只摆动一根导线或组件。

尽可能详细准确地描述问题也是找到问题的一个好方法。试着向一个人去解释这个问题，在很多情况下，当你阐述问题的时候，问题的解决方法就会从你的脑海中冒出来。在 Brian W. Kernighan 和 Rob Pike 所著的《编程实践》(*Practice of Programming*) 一书中，讲述了一个大学的故事，故事是这样的："在服务台附近放了一个泰迪熊，有问题的学生需要先向小熊解释，才能寻求服务人员的帮助。"如果你没有倾诉的对象（或是一个泰迪熊），那么可以开始写一封邮件描述你的问题。这不是浪费时间，因为它通常真的能解决问题，并且如果你需要向某人寻求帮助，你需要做好准备。

11.7　Windows 中的驱动安装问题

有时新硬件向导没有找到正确的驱动，在这种情况下你可能需要手动指定驱动的位置。

新硬件向导首先会询问你是否检查 Windows 更新，选择"No, not at this time"选项并单击"下一步"。

在下一个窗口中，选择"从设备列表或指定位置安装"并单击"下一步"。

浏览并找到 Uno 的驱动文件，位于 Arduino IDE 中的 Drivers 文件夹中（不是 FTDI USB Drivers 子文件夹），名字是 ArduinoUNO.inf。之后 Windows 会自动完成驱动的安装。

11.8　Windows 中 IDE 的问题

如果你双击 Arduino 的图标出现了错误，或是没有反应，我们可以试着双击 Arduino.exe 文件，作为启动 Arduino IDE 的替代方法。

如果操作系统给 Arduino 分配的 COM 端口号是 COM10 或更大，那么 Windows 用户也有可能遇到问题。如果发生这样的情况，通常可以暂时设定 Windows 给 Arduino 分配一个小于 10 的 COM 端口。

首先，通过单击"开始"按钮打开设备管理器。在"我的电脑"上单击鼠标右键，选择"属性"。在 Windows XP 中，单击硬件并选择设备管理器。在 Vista 中，单击设备管理器（它会出现在窗口左边的任务列表中）。

在端口（COM & LPT）列表中查找串口设备。找一个你不用的、同时端口号是 COM9 以下的（包含 COM9）串口设备。调制解调器或串口是一个好的选择。单击鼠标右键，然后从菜单中选择"属性"。然后选择端口设置中的"高级"。将端口号设定为 COM10 以上。单击"OK"，之后再单击一次"OK"，关闭"属性"对话框。

现在，对代表 Arduino 的 USB Serial Port 进行相同的操作，唯一的不同是这里要将端口号设定为你刚刚释放的端口号（COM9 以下的）。

11.9　Windows 中识别 Arduino 的端口号

将你的 Arduino Uno 通过 USB 线连到你的计算机。

首先，通过单击"开始"按钮打开设备管理器。在"我的电脑"上单击鼠标右键，选择"属性"。在 Windows XP 中，单击硬件并选择设备管理器。在 Vista 中，单击设备管理器（它会出现在窗口左边的任务列表中）。

在端口（COM & LPT）列表中查找串口设备。Arduino 设备的显示如图 11-1 所示，这里是 Arduino Uno 加上 COM7。

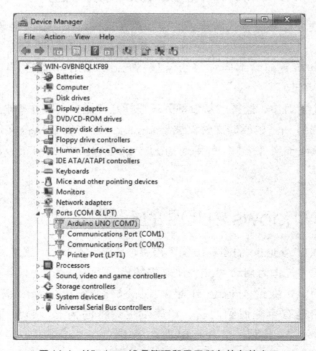

图 11-1　Windows 设备管理器显示所有的有效串口

在一些 Windows 中，COM 端口的编号会大于 9。当 Arduino 试图通过这个端口连接的时候可能会出现一些问题。

11.10　其他调试技巧

- 让别人来看看你的项目，我们有时会对自己的错误视而不见。不要告诉其他人你想做什么，让他们来判断电路是否正在按照原理图正确地连接。在这个过程中，你不要妨碍他们看到你的计划及你犯的错误。如果你没有原理图，那你应该画一个。当然，原理图也可能有错误，这就是接下来要检查的内容。

- 对程序也"分而治之"。先保存一个程序的备份，再开始修改程序出错的地方，你可能会在正常工作与问题之间发现一些意外的交互作用。如果这没有解决你的问题，但至少会提供一个最小的展示问题的测试程序，这样当你寻求帮助时就会更容易。

- 如果你的项目涉及任何传感器（包括开关），用最基础适用的例程 AnalogReadSerial 和 DigitalReadSerial 单独测试每一个传感器。你可以通过"File → Examples → 01.Basics → AnalogReadSerial/DigitalReadSerial"找到这两个例程。

- 如果传感器返回值有错误，则需要检查 Arduino 的输入端口是否工作正常。断开你的传感器，分别用面包线直接输入 5V 和 GND（显然同时只能输入一种），使用例程 AnalogReadSerial 或 DigitalReadSerial，通过串口监视器查看。当接到 GND 时，你将看到 0；而当接到 5V 时，你看到的应该是 1 或 1023。

  如果你有多个传感器而其中一个返回值有错误，将电路中正常工作的传感器部分和有问题的这部分互换（一次只换一组），看看问题有没有相应地移动。

- 如果你的项目涉及执行器，用最基础适用的例程 Blink 或 Fade 单独测试每一个执行器。如果执行器运行错误，用 LED 替代执行器，以确保 Arduino 的输出是正确的。

- 如果你的程序包含判断，如 if 语句，那么使用函数 Serial.println( ) 来告诉你执行的结果。这在循环中同样有用，当你希望循环停止的时候，可以通过这个函数来确认。

- 如果你使用了任何库，可以使用库本身自带的例程序检验库是否正常。如果你在使用库的时候出现了不是来自 Arduino 的错误，那么可以找找看有没有相应的论坛或其他在线社区能够加入，从而解决问题。

如果这些建议没有帮助，或是你有新的问题，可以访问 Arduino 的答疑解惑网页寻求帮助。

11.11 如何获取在线帮助

当你被一个问题难住的时候，不要独自一人花几天的时间去解决——要寻求帮助！ Arduino 的优势之一就是它的社区。如果你在社区里把问题描述得够具体，总会得到他人的帮助。

养成使用搜索引擎的习惯，看看是否有别人在讨论相同的问题。比如，当 Arduino IDE 弹出一个令人讨厌的错误信息时，复制并粘贴这个信息到搜索引擎看看会不会有解决办法。你可能需要给信息加上引号以防止这些单词随机匹配。你也可以使用相同的方式来查询你的代码或仅仅查询特定函数的名字。如果你得到了太多无用的结果，可以加上 Arduino 再搜索一下。

看看你的周围：所有的东西都被发明而且都被存储在某个网页上。令我惊讶的是，有时候我认为只有我看到的刚刚发生的问题，在网上就已经有了所有的文档，同时还附上了解决方案。

为了进一步研究，可以先从主页上开始，看看 FAQ，然后再将目光转移到 Arduino Playground，这是一个任何用户都可以编辑修改的维基百科。这是整个开源理念中最好的一部分：用 Arduino 完成的作品，大家都会贡献所有的文档和例程。在开始一个项目之前，搜索一下 Playground，你会找到一些帮你开始的代码或电路图。

（如果考虑回馈开源社区，可以记录一个你提出的项目，或是你发现的一个之前没有记录的解决方案。有很多地方可以发布你的作品：Arduino Project Hub、Github、Instructables 等。不要在意你发布什么，只要你这样做就好，要尽可能详细地记录你的项目，包含代码、原理图、图表等。不要只是发布项目工作的视频，要告诉我们你是如何做的！）

如果你仍然不能找到任何答案，可以搜索一下 Arduino 的论坛。

当你尝试了所有的方法之后，就可以去 Arduino 论坛发布一个问题了。为你的问题选择正确的板块：这里软硬件问题是不同的领域，甚至要选择不同语言的论坛。如果你不确定哪块控制板合适，就把问题放在 Project Guidance（项目指导）板块。

仔细撰写你的帖子。要尽可能多地发布信息，并且做到清晰明了。为了清楚、正确地描述你的问题，多花些时间是值得的。这同时也表明你是尽可能地准备自己完成这个项目，而不是靠论坛来为你工作。以下是一些指导建议。

- 在开始之前，请搜索并阅读标题为"一般指导和如何使用论坛"的帖子。
- 你使用的 Arduino 控制板是哪种型号？
- 运行 Arduino IDE 的操作系统是什么版本？
- 你使用的是什么版本的 Arduino IDE？
- 大概描述一下你想做什么。针对你使用的奇怪元器件，给出相应数据手册的链接。不要让无关的信息打乱了你的帖子，比如项目的概念图或是与问题不相关的外壳图片。
- 贴出最小程序或电路（最好是原理图）来说明你的问题。（当你调试的时候你会找到这些，对吧？）"如何使用本论坛"中告诉了你如何格式化代码和包含附件。
- 当你搜索论坛寻求帮助的时候，在问题类型上多注意一下，尤其是什么类型的问题获得的帮助多，而什么类型的问题获得的帮助少。你需要复制那些帖子的风格。
- 准确描述你预期的结果及实际产生的结果。不要只是说"这不工作了"。如果你得到了错误信息，把它贴出来。如果你的程序有输出的信息，也把它贴出来。
- 现在你已经仔细地描述了你的问题，接下来修改帖子的主题。你需要一个技术问题的总结，而不是一个你项目的目标（比如，"按下多个开关导致的短路"，而不是"帮助我完成火箭飞船的控制面板"）。
- 永远不要使用诸如"请阅读"或"紧急"之类的短语！

记住你获得回答的数量，以及如何快速地获得这些回答，都取决于你如何提出你的问题。

如果你能避免以下所有的问题，那么你获得答案的概率也会增加（这些规则适用于任何在线的论坛，不仅仅只适用于 Arduino 论坛）。

- 全部信息都用大写字母。这样会惹恼很多人，有点像在我们的额头上写下"菜鸟"二字（在线论坛中，全部用大写字母会让人觉得你在"吼叫"）。
- 在论坛的不同讨论区贴相同的信息。
- 在自己的帖子下回复："嘿，怎么没人回答？"甚至更坏的就是简单地回复"嘭"。如果你没有得到回复，那么就认真检查你的帖子。主题明确吗？你描述问题的措辞到位吗？你态度好吗？态度一直都好吗？
- 像这样的帖子："我想用 Arduino 做一架航天飞机，我要怎么做。"这很明显是想要别人帮你完成你的工作，真正的爱好者不会觉得这种帖子有意思。比较好的方式是先解释你想要实现的目标，然后咨询关于这个项目中一部分的几个具体问题。除有帮助的答案之外，你可能还会获得有帮助的建议来完成一个更大的项目。

- 像前面这种情况，如果你问了特别的问题，并且愿意提供报酬，那么会有人很乐意帮你解答，但是如果请求别人帮助你完成你的工作（而且你不会付任何费用），没人帮助你好像也很正常。

- 发布的信息看起来像是学校的任务，并想让论坛帮你完成你的家庭作业。像我这样的教授就常常逛论坛来抓这些滑头的学生。论坛的常客也善于发现这些人或帖子。

附录A　面包板

让一个电路工作的过程可能涉及很多变化，直到电路正常运行。当回顾电路时，你可能会有一些想法来帮助你改进你的设计，可能改进电路的性能，让它更可靠，或者是减少零部件。你尝试不同的组合实现设计的过程，就像一个电子电路的设计过程。

最理想的是，你希望有一种允许你快速且简单地改变元器件之间连接的方法来搭建电路。虽然焊接非常适合制作稳定、牢固的电路，但你更想要快速完成电路搭建的方法或设备。

有一个非常实用的设备叫作实验电路板，俗称面包板。如图 A-1 所示，这是一个布满洞的小塑料板，每一个洞都包含了一个弹簧式的接头，你可以将一段导线或元器件的引脚插入这些小洞，内部的弹簧会把元器件引脚或导线固定在这个位置。更重要的是，因为这个弹簧与相邻的弹簧是接通的，所以它将与某些其他的小洞建立一个电气连接。

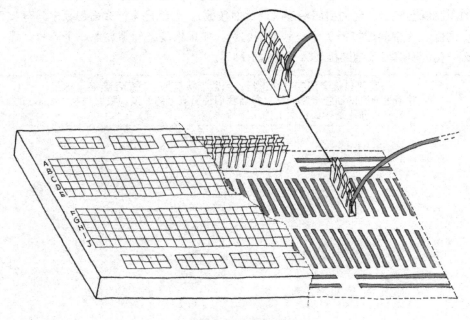

图A-1　免焊接面包板

在中心区域（标记为 A ~ J 行），这些弹簧垂直连通，因此任何元器件放置在这些小洞中就会立刻与同一列其他小洞中插入的元器件相连接。

一些面包板有额外的几行：两行在上面，两行在下面，通常标有红色和蓝色的条纹，有时还会标上"+"和"–"。这些行是水平连接的，可用于连接任何常用的电信号。这些行非常适合用于 5V 和 GND，这是书中项目最常用的连接，并且几乎在任何电子项目中也是最常用的。这些行通常叫作轨道或总线。

如果你连接了红色的这行（或是标有"+"）到 Arduino 的 5V，而蓝色的（或标有"–"）连接到 Arduino 的 GND，那么在面包板上所有点的附近都有了 5V 和 GND。

在第 6 章中有一个关于轨道的很好例子。

在一些面包板上，轨道不是完全连通的，而是会在中间断开的。有时会通过红色或蓝色条纹的断开来表示，有时通过比通常脚间距稍大的间隔来表示。由于很容易忘掉这一点，很多人会在每一行的断开处永久地留一个桥接的跳线。

一些元器件，像电阻、电容和 LED，它们都有很长的柔性引脚，弯曲它们的引脚很容易连接到不同位置的小洞中。

然而，其他的元器件，像芯片，它们的脚（技术人员说的引脚）不能移动，这些脚间的间距几乎总是 2.54mm，所以面包板上的小洞都采用相同的间距。

大多数芯片有两排引脚，如果面包板的每一列都完全连通，那么芯片一侧的引脚就会和另一侧的引脚相连（通过面包板）。这就是为什么面包板中间有一个间隙，这个间隙打断了每一列两侧的洞。如果你跨着间隙放置一个芯片，那么一侧的引脚就不会连接到另一侧的引脚了。

一些面包板会用字母标识行，用数字标识列。我们不会参考这些，因为并不是所有的面包板都一样。每当我们说引脚号的时候，我们是指 Arduino 的引脚号，而不是指面包板上的引脚号。

附录B 认识电阻和电容

为了使用电子零件，你要能够识别它们。对于初学者来说，这项任务比较困难。你在商店买到的电阻大都是一个圆柱体，两头各伸出一条腿，同时圆柱体上还有奇怪的彩色圆环。当第一批商业化的电阻被制造出来的时候，还没有办法把数字印到它们的身上，所以聪明的工程师决定用各种颜色的条纹来表示电阻的阻值。

初学者找到了一种解读这些标识的方法。这个秘密非常简单：通常，电阻有4条条纹，每一种颜色表示一个数字。通常一个圆环是金色的，这个圆环表示电阻的精度。为了按顺序读出色环，将金色（某些情况下是银色的）色环朝向右边，然后，读取颜色值，并将它们转换成数字。在下面的表格中，你会发现颜色和数字之间的对应关系。

颜色	值
黑	0
棕	1
红	2
橙	3
黄	4
绿	5
蓝	6
紫	7
灰	8
白	9
银	10%
金	5%

比如，棕、黑、橙、金的意思是 $103\Omega \pm 5\%$，很简单，对吧？其实不完全对，因为这里有一个小的变化：第3个色环实际上代表0的个数。因此，103实际上是10后面跟着3个0，所以这最后的结果是 $10\,000\,\Omega \pm 5\%$。

电子极客倾向于使用缩写来表示它们，比如 kΩ（千欧姆）、MΩ（兆欧姆）。所以 10 000Ω 的电阻通常缩写为 10kΩ，同样的 10 000 000Ω 缩写成 10MΩ。因为工程师喜欢优化一切，所以你会在一些电路原理图中找到 4k7 这样的标识，而它的意思是 4.7kΩ，或 4700Ω。

有时你会看到一些电阻的精度更高，其精度达到 1% 或 2%。这些电阻会增加第 5 条色环使电阻的阻值更准确。编码是一样的，不过是前 3 个色环表示数值，第 4 个色环表示之后 0 的数量。第 5 个色环是公差：红色为 2%，棕色为 1%。我们拿 10kΩ（棕、黑、橙、金）来举例，就会变成棕、黑、黑、红和棕，1% 精度的电阻。

电容相对要简单一些：桶形电容（电解电容）一般印有自己的容值。电容的单位是法拉（F），不过你遇到的大多数电容单位是微法（μF）。所以如果你看见一个电容标着 100μF，那么就是 100μF 的电容。

很多圆片型的电容（瓷片电容）没有列出单位，而是使用 3 位数字表示多少皮法（pF），1 000 000pF 是 1μF。类似于电阻的编码，你使用第 3 位的数字表示前两位数字后面有多少个 0，只有一点不同：如果第三位数字是 0～5，这表示 0 的数量，6、7 没用，而 8、9 是不同的处理方式。

如果你看到 8，要将前两位数字乘以 0.01，而如果你看到 9，要乘以 0.1。

所以，标着 104 的电容容量是 100 000pF 或 0.1μF，标着 229 的电容容量应该是 2.2pF。

作为一个提示，下面是电子领域常用的换算关系。

缩 略 符 号	值	例 子
M(mega)	10^6=1 000 000	1 200 000Ω=1.2MΩ
k(kilo)	10^3=1 000	470 000Ω=470kΩ
m(milli)	10^{-3}=0.001	0.01A=10mA
μ(micro)	10^{-6}=0.000 001	4700μA=4.7mA
n(nano)	10^{-9}	10 000nF=10μF
p(piclo)	10^{-12}	1 000 000pF=1μF

附录C Arduino快速参考

这是所有 Arduino 语言标准指令的一个速查手册。

更多的内容可以参考 Arduino 中"Language Reference（语言参考）"页面。

结构

一个 Arduino 程序分为两部分：

```
void setup()
```

这是放置初始化 Arduino 部分程序的函数，这个函数在 loop() 函数之前运行，只在通电的时候运行一次，之后就不会再运行了。

```
void loop()
```

这里包含了你的主要代码，会不断地重复执行其中的指令，直到控制板断电。

特殊符号

Arduino 中用一些符号来描述代码行、注释和代码块。

;（分号）

Arduino 每条指令（代码行）都以分号结束。这样的语法让你能够自由排列程序代码，甚至可以将两条指令放在同一行，只要你用一个分号将它们分开就可以了（但这样会让代码更难以阅读）。

例如：

```
delay(100);
```

{}（大括号）

用来表示一个代码块。例如，当你编写 loop() 函数中的代码时，必须在代码的前后加上大括号。

例如：

```
void loop() {
    Serial.println("ciao");
}
```

注释

这是 Arduino 微控制器忽略的那部分文本，不过它非常有助于向别人解释（或提醒自己）这一段代码的作用。

在 Arduino 中有两种形式的注释。

```
// single-line: this text is ignored until the end of the
line
/* multiple-line:
    you can write
    a whole poem in here
*/
```

常量

Arduino 包含一组预定义的有特殊值的关键字。

比如，当你想开关一个 Arduino 引脚时会使用 HIGH 和 LOW。当你想设定某个特定引脚为输入或输出时会使用 INPUT 和 OUTPUT。

而当我们测试条件或表达式真假的时候会使用 true 和 false。它们主要用于比较运算符。

变量

变量是 Arduino 存储区域中一个被命名的区域，它能够用来存储数据。你的程序能够通过引用变量的名字来使用和操作这些数据。正如字面的意思，变量是可以多次随意更改的。

因为 Arduino 是一个非常简单的微控制器，所以当你声明一个变量的时候，还必须指定它的类型。这是为了告诉微处理器你存储的数据需要多大的空间。

下面是一些常用的数据类型。

boolean

布尔型，只能是 true 或 false 两个值。

char

字符型，保存一个单独的字符，比如字母 A。就像计算机，即使你看到的是文本，但 Arduino 是按照数字的形式存储它们的。当字符按照数据存储时，它的值是从 −128 ～ 127。一个字符占用 1byte 的内容。

在计算机系统中主要有两组字符集：ASCII 和 UNICODE。 ASCII 有 127 个字符，主要用于串行终端之间文本的传输，以及像大型机和小型机这样的分时计算机系统。 UNICODE 是一个更大字符集，应用在现代计算机操作系统中，它能够在更宽的语言范围内表示更多的字符。在传输短字节的信息方面，ASCII 仍很实用，如意大利或英国的拉丁文字、阿拉伯数字、常见的打印机符号及标点符号等。

byte

字节型，存储 0 ~ 255 的数字。与字符型一样，一个 byte 只占用一个字节的存储空间。不一样的是，byte 类型只能存储正数。

int

整型，用 2 个字节的存储空间表示一个数字，数字大小从 -32 768 ~ 32 767。int 型是 Arduino 中使用最普遍的数据类型。如果你不确定使用什么数据类型，试试 int。

unsigned int

无符号整型，像 int 一样，也用 2 个字节的存储空间，但无符号的前缀意味着它不能存储负数，所以它的范围是 0 ~ 65 535。

long

长整型，它的大小是 int 型的 2 倍。能够存储 -2 147 483 648 ~ 2 147 483 647 的数字。

unsigned long

无符号长整型，它的范围是从 0 ~ 4 294 967 295。

float

浮点型，它的空间相当大，能够存储浮点值，这种奇怪的说法的意思是你能用它存储带小数点的数字。每个浮点型会用掉 4 个宝贵的字节，而且用来处理它的函数也会占用更多的代码空间，所以只在你需要的时候使用浮点型。

double

双精度浮点型，它的最大值为 $1.797\,693\,134\,862\,315\,7 \times 10^{308}$，多巨大的一个数呀！

string

字符串，这是一个能用来存储文本信息的 ASCII 字符的集合（你可以用字符串通过串口发送一条信息，或者在 LCD 显示屏上展示）。为了存储，字符串的每一个字符会占用一个字节的存储空间，加上末尾的一个空字符，告诉 Arduino 这是字符串的结束。以下两种字符串的形式是等效的：

```
char string1[]  = "Arduino"; // 7 chars + 1 null char
char string2[8] = "Arduino"; // Same as above
```

array

数组，它就是一个可以通过索引访问的变量列表。能用它来建立一个易于访问的数值表格。比方说，如果你想为渐变的 LED 存储不同等级的亮度值，你可以建立 6 个变量，分别为 light01、light02 等。但更好的方法是你可以使用一个简单的数组，如下：

int light[6] = {0, 20, 50, 75, 100};

数组这个词不是实际上声明变量用的：符号 [] 和 {} 完成了这个任务。

当你想用一种处理很多数据的方式的时候，数组是你最理想的选择。因为你可以将你想做的事情用代码写一遍，然后让数组中的每一个变量都执行一次，操作很简单，只要改变索引就好了。可以在循环中使用。

变量的作用域

变量在 Arduino 中有一个属性叫作作用域。根据它们声明的位置，变量可以是局部或全局的。

全局变量是程序中的每一个函数都能看见并使用的。局部变量只能在它声明的函数内可见。

当程序开始变得越来越大、越来越复杂的时候，为了确保每个函数有它自己能访问的变量，局部变量是非常有用的。当一个函数不经意间修改了另外一个函数使用的变量时，这会防止编程错误。多个函数使用的变量必须是全局的。

在 Arduino 环境中，任何函数外的声明都是全局变量，比如 setup()、loop()，或你自己的函数。任何函数内的声明都是局部变量，只有对应的函数能够访问。

有时也可以在 loop 内声明和初始化一个变量，这样就创建了一个只能在 loop 的大括号内访问的变量。事实上，任何时候变量都是在大括号内声明的，它们都只是代码块中的本地变量。

控制语句

Arduino 包含了一些能够控制你的程序逻辑流向的关键字。

if … else

这个结构能够让你的程序作出决策。if 后面必须跟一个表达式类型的特殊问题，这个表达式要放在括号中。如果表达式正确，则执行跟着后面的代码。如果表达式错误，则会执行 else 之后的代码。else 是可选的。

例如：

```
if (val == 1) {
  digitalWrite(LED,HIGH);
}
```

for

让你以特定的次数重复一段代码。

例如：

```
for (int i = 0; i < 10; i++) {
    Serial.print("ciao");
}
```

switch case

如果说 if 就像程序的岔路口，那么 switch case 就像一个多选择环岛。它让你的程序根据变量的数值作出更多的选择。它还会使你的程序看起来更简洁，因为它代替了一长串的 if 语句。

记住书写每一个 case 末尾的 break 非常重要，否则 Arduino 会接着执行随后的 case 语句，直到碰到 break 语句或 switch case 的最后。

例如：

```
switch (sensorValue) {
    case 23:
      digitalWrite(13,HIGH);
      break;
    case 46:
      digitalWrite(12,HIGH);
      break;
    default: // if nothing matches this is executed
      digitalWrite(12,LOW);
      digitalWrite(13,LOW);
}
```

while

与 if 相似，当 while 后的条件成立时，会执行之后的代码块。不过，if 只执行一次后面的代码块，而 while 是在条件成立时一直执行后面的代码块。

例如：

```
// blink LED while sensor is below 512
sensorValue = analogRead(1);
while (sensorValue < 512) {
    digitalWrite(13,HIGH);
    delay(100);
```

```
        digitalWrite(13,HIGH);
        delay(100);
        sensorValue = analogRead(1);
      }
```

do ... while

很像 while,只有一点不同,while 函数是先判断条件再决定是否执行随后的代码块,而 do...while 是先执行 do 后面的代码块再判断 while 后面的条件。当你希望在判断条件之前内部的代码块至少运行一次的时候非常适合用这个语句。

例如:

```
      do  {
        digitalWrite(13,HIGH);
        delay(100);
        digitalWrite(13,HIGH);
        delay(100);
        sensorValue = analogRead(1);
      } while (sensorValue < 512);
```

break

这个语句可以让程序从 while 或 for 循环中跳出来,即使循环的条件让程序继续循环。它也用于分割 switch case 语句的不同部分。

例如:

```
      // blink LED while sensor is below 512
      do  {
        // Leaves the loop if a button is pressed
        if (digitalRead(7) == HIGH)
          break;
        digitalWrite(13,HIGH);
        delay(100);
        digitalWrite(13,LOW);
        delay(100);
        sensorValue = analogRead(1);
      } while (sensorValue < 512);
```

continue

当在循环中使用时,continue 让程序跳过这个循环内剩余的代码,然后再次判断表达式。

例如:

```
      for (light = 0; light < 255; light++)
      {
```

```
    // skip intensities between 140 and 200
    if ((x > 140) && (x < 200))
      continue;
    analogWrite(PWMpin, light);
    delay(10);
  }
```

continue 非常像 break，不过 break 是离开循环，而 continue 会继续下一次循环。

return

停止运行的函数，然后返回调用函数的地方。你也可以使用它来返回一个函数内的值。

比如，如果你有一个叫作 computeTemperature() 的函数，通过调用这个函数返回一个结果到你的代码当中，那么你应该这样写：

```
int computeTemperature() {
    int temperature = 0;
    temperature = (analogRead(0) + 45) / 100;
    return temperature;
}
```

运算符

你能通过特殊的语法让 Arduino 完成复杂的计算。＋和－就像你在学校学过的用法一样，而＊表示乘号，/ 表示除号。

这里还有一个额外的运算符叫作模（%），运算会返回整数除法中的余数。

正如你在代数中学到的那样，你可以通过尽可能多的小括号来组合正确的表达式。与你在学校中学到的不同的是，方括号和大括号没有用在算术公式中，因为它们留作其他用途了（分别是数组索引和代码块）。

例如：

```
a =  2 + 2;
light = ((12 * sensorValue) - 5 ) / 2;
remainder = 7 % 2; // returns 1
```

比较运算符

当你需要在 if、while 和 for 语句中进行条件判断或测试时，你能用到以下表格中的这些运算符。

==	等于
!=	不等于
<	小于
>	大于
<=	小于等于
>=	大于等于

当测试相等时，要非常小心地使用"=="比较运算符，而不是"="赋值运算符，否则你的程序将不会按照你的预期运行。

布尔运算符

当你想组合多个条件时会用到布尔运算符。

比方说，如果你想检查一个传感器的值是否在 5 ~ 10，那么可以这样写：
if ((sensor => 5) && (sensor <=10))
有 3 种布尔运算符：与，用"&&"表示；或，用"||"表示；非，用"!"表示。

复合运算符

针对像递增这样的常用操作，这些特殊的运算符能够让代码更加简洁。

比如，要想 value 递增 1，你可能这样写：
value = value + 1;
不过使用复合运算符，可以写成这样：
value++;

不使用这些复合运算符也没什么问题，不过它们非常常用，作为初学者，如果你不理解这些运算符，那就需要花些时间通过例程来学习了。

递增和递减（++ 和 −−）

这两个运算符会递增或递减 1。这里要注意它们能放在变量前，也能放在变量后，不过放在前后是有非常微小的差别的：如果你写成 i++，那么是先增加 1 然后再判断 i+1 的值，而写成 ++i 则是先判断 i 的值然后再递增 1。"−−"的用法与"++"类似。

+=，−=，*= 和 /=

它们的用法与"++"和"−−"类似，不过这些运算符允许你递增和递减的值大于 1，同时还能允许乘和除。下面的两行表达式是等效的：

```
a = a + 5;
a += 5;
```

输入和输出函数

Arduino 的一个主要工作就是从传感器输入信息以及给执行器输出一个值。在书中的例程里你已经看到了一些。

pinMode(pin, mode)

设置数字引脚是作为输入还是输出。

例如：

```
pinMode(7,INPUT); // turns pin 7 into an input
```

引脚来使用 pinMode() 设置为输出，是输出错误或没有输出的一个常见原因。

虽然典型的用法是在 setup() 中使用 pinMode()，但如果你需要改变引脚的状态，也同样能在 loop 中使用这个函数（当一个函数的名字在文本中被使用时，经常用一个空的小括号来结束，这表示正在谈论这个函数）。

digitalWrite(pin, value)

设置数字引脚为 HIGH 或 LOW。在使用 digitalWrite() 完成既定功能之前，引脚必须使用 pinMode() 设置为输出。

例如：

```
digitalWrite(8,HIGH); // sets digital pin 8 to 5V
```

注意通常 HIGH 和 LOW 分别对应 ON 和 OFF，但这要看引脚是如何使用的。比如，LED 连接在 5V 和引脚之间，那么当引脚输出 LOW 的时候，会点亮 LED；而当引脚输出 HIGH 时，会熄灭 LED。

int digitalRead(pin)

读取输入引脚的状态，如果引脚检测到电压，则返回 HIGH，而如果没有检测到电压，则返回 LOW。

例如：

```
val = digitalRead(7); // reads pin 7 into val
```

int analogRead(pin)

读取模拟输入引脚上的电压值，返回的是 0 ~ 1023 的一个值，对应的电压值是 0 ~ 5V。

例如：

```
val = analogRead(0); // reads analog input 0 into val
```

analogWrite(pin, value)

在 PWM 引脚上改变 PWM 占空比。pin 必须支持 PWM 的功能，就是说

Uno 上的 3、5、6、9、10 或 11，Leonardo 上的 3、5、6、9、10、11 或 13。Value 必须是 0 ~ 255 的一个数值，0 对应全关，255 对应全开，你可以认为 value 对应着相应的电压值。

例如：

```
analogWrite(9,128); // Dim an LED on pin 9 to 50%
```

value 为 0 即设置输出为 LOW，而 value 为 255 即设置输出为 HIGH。

shiftOut(dataPin, clockPin, bitOrder, value)

发送数据到移位寄存器，用来扩大数字输出的数量。这个协议使用一个引脚作为数据，使用另一个引脚作为时钟。bitOrder 表示字节的顺序（低位在前或高位在前），value 就是发送的实际数据。

例如：

```
shiftOut(dataPin, clockPin, LSBFIRST, 255);
```

unsigned long pulseIn(pin, value)

测量一个数字输入脉冲的脉宽。一些红外传感器或加速度传感器以改变脉宽的形式输出它们的测量值，当要获取这些传感器的值时，这个函数非常有用。

例如：

```
time = pulsein(7,HIGH); // measures the time the next
pulse stays high
```

时间函数

Arduino 包含一些函数能够测量运行时间，或暂停程序。

unsigned long millis( )

返回程序开始运行后经过的时间，单位是 ms。

例如：

```
duration = millis()-lastTime; // computes time elapsed
since "lastTime"
```

delay(ms)

暂停程序一定的时间，参数单位是 ms。

例如：

```
delay(500); // stops the program for half a second
```

delayMicroseconds(μs)

暂停程序一定的时间，参数单位是 μs。

例如：

```
delayMicroseconds(1000); // waits for 1 millisecond
```

数学函数

Arduino 包含了很多常用的数学函数和三角函数：

min(x, y)

返回 *x*、*y* 中较小的值。

例如：

```
val = min(10,20); // val is now 10
```

max(x, y)

返回 *x*、*y* 中较大的值。

例如：

```
val = max(10,20); // val is now 20
```

abs(x)

返回 *x* 的绝对值，这会将负数变为正数。如果 *x* 是 5，则返回 5，不过如果 *x* 是 −5，函数依然返回的是 5。

例如：

```
val = abs(-5); // val is now 5
```

constrain(x, a, b)

当 *x* 在 *a*、*b* 之间时，返回 *x*。如果 *x* 小于 *a*，则返回 *a*，如果 *x* 大于 *b*，则返回 *b*。

例如：

```
val = constrain(analogRead(0), 0, 255); // reject
values bigger than 255
```

map(value, fromLow, fromHigh, toLow, toHigh)

将 fromLow 到 fromHigh 之间的 value 映射到 toLow 至 toHigh 之间。处理模拟传感器的返回值时非常有用。

例如：

```
val = map(analogRead(0),0,1023,100, 200); // maps the
value of

                                          //analog 0 to a
value

                                          // between 100
and 200
```

double pow(base, exponent)

返回一个数（base）的指数 (exponent) 结果。

例如：

```
double x = pow(y, 32); // sets x to y raised to the
32nd power
```

double sqrt(x)

返回一个数的平方根。

例如：

```
double a = sqrt(1138); // approximately 33.73425674438
```

double sin(rad)

返回某个弧度角度值的正弦值。

例如：

```
double sine = sin(2); // approximately 0.90929737091
```

double cos(rad)

返回某个弧度角度值的余弦值。

例如：

```
double cosine = cos(2); // approximately −0.41614685058
```

double tan(rad)

返回某个弧度角度值的正切值。

例如：

```
double tangent = tan(2); // approximately −2.18503975868
```

随机数函数

如果你需要产生一个随机数，可以使用 Arduino 的伪随机数发生器。如果你想让你的项目每次产生不同的行为，那么随机数是非常有用的。

randomSeed(seed)

复位 Arduino 的伪随机数发生器。虽然这些 random( ) 返回数据的分布是随机的，但这个序列是可预测的。你需要复位伪随机数发生器来得到随机数。可以通过读取未连接传感器的模拟输入口得到一个好的种子值，因为未连接的引脚将从周围环境中捕捉随机的噪声（无线电波、宇宙射线、手机或荧光灯的电磁干扰等），所以这将是不可预测的。

例如：

```
randomSeed(analogRead(5)); // randomize using noise
from pin 5
```

long random(max) long random(min, max)

返回一个长整型的伪随机数，范围在 min 和 max−1 之间，如果没有规定 min，则默认最小值是 0。

例如：

```
long randnum = random(0, 100); // a number between 0 and 99
long randnum = random(11);      // a number between 0 and 10
```

串行通信

像你在第 5 章看到的那样，你能通过 USB 端口使用串口通信协议与设备通信。以下是串行通信的函数。

Serial.begin(speed)

为 Arduino 进行串行通信做准备，在 Arduino IDE 的串口监视窗中你通常使用 9600baud，不过也能使用其他的波特率，通常不会大于 115 200baud。具体波特率设为多少没有多大关系，只要双方统一使用一样的波特率就可以。

例如：

```
Serial.begin(9600);
```

Serial.print(data) Serial.print(data, encoding)

发送一些数据到串口。encoding 是可选的，如果没有，那么数据会尽可能地按照纯文本来处理。

例如（注意最后使用的 Serial.write）：

```
Serial.print(75);      // Prints "75"
Serial.print(75, DEC); // The same as above.
Serial.print(75, HEX); // "4B" (75 in hexadecimal)
Serial.print(75, OCT); // "113" (75 in octal)
Serial.print(75, BIN); // "1001011" (75 in binary)
Serial.write(75);      // "K" (the letter K happens
                       //to be 75 in the ASCII set)
```

Serial.println(data) Serial.println(data, encoding)

与 Serial.print( ) 相同，只是增加了回车和换行（\r\n）。就像你在输入一些数据后按回车键。

例如：

```
Serial.println(75);      // Prints "75\r\n"
Serial.println(75, DEC); // The same as above.
Serial.println(75, HEX); // "4B\r\n"
Serial.println(75, OCT); // "113\r\n"
Serial.println(75, BIN); // "1001011\r\n"
```

int Serial.available( )

返回串口有多少未读的字节数需要调用函数 read( ) 来读取。当你用函数 read( ) 读取所有数据之后，Serial.available() 会返回 0，直到串口收到新的数据。

例如：

```
int count = Serial.available();
```

int Serial.read( )

读取一个字节的串行数据。

例如：

```
int data = Serial.read();
```

Serial.flush( )

因为串口上收到的数据可能比程序处理的速度更快，所以 Arduino 会将所有收到的数据放在缓存区中。如果你需要清除缓存区以接收新的数据，就需要使用 flush() 函数。

例如：

```
Serial.flush();
```

Arduino 产品线

当有人想到 Arduino 时，首先想到的就是 Arduino Uno，但多年来，我们已经创建了一系列不同形状和功能的电路板。下面让我们看看主要的控制板及其特征。

Arduino Uno 是永恒的经典，它非常稳定，非常适合学习和原型设计。我们仍然向初学者和爱好者推荐它。它很不容易坏，并且有大量的扩展板和与之兼容的库。它的主要缺点是 8 位处理器有限制性，RAM 很少，无法长时间依靠电池运行。

在推出 Uno 之后，人们开始要求具有更多输入和输出的控制板，于是 Arduino Mega 诞生了。3D 打印机及其他需要比 Uno 更多 I/O 和内存的设备让这块控制板也非常流行。

随着原型设计的发展，人们通常需要更小的控制板，这就是 Arduino Nano 的用武之地。第一个 Nano 的设计是将 Uno "缩小"，好让它可以直接插在面包板上来搭建一些小型的便携式设备。经典的 Nano 受到原始 Uno 的一些限制，因此对于较新的项目，我们建议你看看 Arduino Nano Every。它采用更强大的 8 位处理器（最新一代 AVR 处理器），具有更多 RAM、更大的程序内存和计算能力，同时依然与几乎所有 8 位代码兼容。Every 的另一个优点是所有部件都在 PCB 顶面，因此你可以将其直接焊接到另一块 PCB 上，无须使用额外的插针。它也是 Nano 系列中较便宜的成员，因此我建议你常备几块。

Nano 系列最近还扩展到了 32 位 ARM 处理器：Nano 33 IoT 提供了一个更快的 ARM 处理器和一个 Wi-Fi/ 蓝牙模块，可以轻松构建网络项目，还有 Arduino 33 Nano BLE Sense，一个强大的装有传感器的蓝牙板，对于想在微控制器上运行人工智能算法 (TinyML) 的人来说，这块控制板非常受欢迎。

物联网是一个非常受欢迎的话题，为了让创客更容易搭建一个强大的网络设备，我们推出了 MKR 系列，这是一个 32 位 ARM 板的系列，具有相同的封装，但可用于所有最流行的网络类型。从 Wi-Fi 到 GSM，从 LoRA 到窄带物联网等。这些控制板的设计都考虑了使用电池运行，并提供 LiPO 电池充电电路和方便处理器进入"低功耗"模式的软件库。最后，MKR 还有一个有意思的特性，这个系列有一个"加密芯片"，这是一种小型 IC，用于进行身份验证和云端的连接，以提高设备的安全性。

最后，是最新推出的 Portenta 系列，这个系列专为希望构建工业级项目的专业用户而设计。它是目前功能最强大的 Arduino 控制板，配备双核处理器、Cortex-M7 和 Cortex-M4。（注："Cortex"是 ARM 表示其处理器类别的方式，从 Cortex-M0 到 Cortex-M7。随着 M 后面数字的增加，处理器的复杂性和技术能力也随之增加。）这种双处理器架构运行在 480MHz 的频率下，允许运行更复杂的软件，包括计算机视觉和其他需要微控制器长时间大量计算能力的任务。如果你是初学者，Portenta 可能有点难上手，但如果你正在尝试构建一个需要在工业环境中使用的复杂项目，Portenta 将为你提供所需的所有功能。

最后一点：超过 90% 直接由 Arduino（及其分销商）设计和销售的硬件仍然在意大利以非常高的质量和可靠性标准制造。如果你想支持 Arduino 并想要一款不会让你失望的产品，那么最好购买原版。

Arduino 的克隆品、衍生品、兼容品和仿冒品

我们刚刚介绍的产品线都是"官方"的控制板，不过由于 Arduino 的开源特性，还有一些其他类型的产品，可以分为以下几类。

仿冒品

尽管 Arduino 是开源的，但这个名字本身是受保护的，是有商标权的。任何想要在产品上打上"Arduino"品牌的人都必须从我们这里获得许可。不幸的是，有很多不道德的人会生产仿制的硬件，目的是让人们认为他们购买的是原版的产品。这在时尚界很常见，你会发现有很多假冒的服装，我们要花费大量时间和精力去追寻这些人，因为他们玷污了我们的品牌和声誉。请确保你购买的产品是原装的或来自那些有信誉的公司。仿冒品牌就像身份盗窃，这并不酷。

兼容品

这些产品的设计没有沿用 Arduino 的设计想法，可能使用了"官方"控制板中没有的处理器，但是这些控制板提供了与 Arduino 不同级别的软件 / 硬件兼容

性。例如，Paul Stoffregen 的 Teensy 板使用了不同类型的处理器，但在软件上与 Arduino 兼容。Paul 在回馈 Arduino 社区的同时，并与我们合作以确保在软件兼容性方面做得非常出色，而其他人只做到了不同程度的部分兼容。

克隆品

这些是使用我们在线共享的文件制造的控制板，没有任何修改。这些控制板的制造商通常不会向社区或 Arduino 作出任何贡献。其中很多是质量参差不齐的杂牌产品。虽然其中许多控制板很便宜，但它们通常会无法正常工作或出现问题。买家要小心：你在硬件上的节省带来的结果可能需要花费更多的时间来解决出各种各样的问题。

衍生品

这些控制板沿用了 Arduino 的设计想法，但提供的配置不同或功能更强大。这些设计中的大多数像原版一样开源发布。这些控制板的制造商倾向于以不同的方式回馈 Arduino 社区。受欢迎的衍生品制造商有 Adafruit、Sparkfun 和 Seeedstudio（矽递科技）。

附录D 认识原理图

为了说明如何搭建电路，我在本书大部分的地方提供了非常详细的插图，但你也能想象，为你想要记录的每个实验画一幅图并不容易。

在每个领域都迟早会出现类似的问题。在音乐方面，当你写了一首好听的歌曲之后，你需要使用音乐符号把它们记录下来。

工程师们是务实的人，为了能够记录电路的连接情况，以便于之后重新搭建电路，同时也为了之后能够展示给其他人，他们已经开发了一种快速的方法来捕捉电路的本质。

在电子学当中，原理图（或电路图）允许你以社区其他人能够理解的方式描述你的电路。每个元器件都用一种抽象的电路符号表示，这种抽象的符号要么表现元器件的形状，要么体现元器件的本质。比如，电容是把两块金属板用空气或塑料隔开制作而成的，因此电容的符号如图 D-1 所示。

图D-1　电容的电路符号

另一个明显的例子是电感，它是由铜线缠绕成的圆柱形线圈，因此它的符号如图 D-2 所示。

图D-2　电感的电路符号

元器件之间的连接通常通过印在电路板上的连线或轨迹完成，在原理图中用简单的直线来表示。当两条线连接时，这个连接点表示为两条直线相交处的一个大的圆点，如图 D-3 所示。

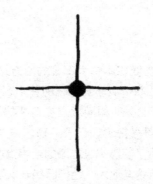

图D-3　导线连接点的电路符号

这就是理解基本原理图所需的全部内容。图 D-4 显示了在 Arduino 电路中常用元器件的电路符号。

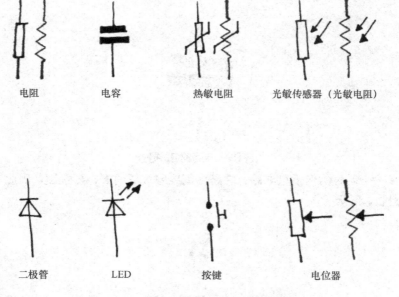

电阻　　　　电容　　　　　　热敏电阻　　　光敏传感器（光敏电阻）

二极管　　　　LED　　　　　按键　　　　　电位器

图D-4　Arduino电路中常用元器件的电路符号

你可能会遇到这些符号的不同变化（比如，这里我们展示了电阻符号的两种变体）。

在这个（部分）标准符号集之外，这里还有关于绘制原理图的约定。为了表现信息流向，原理图是从左到右绘制的。比如，收音机的原理图由左侧的天线开始，随着无线电信号的路径，画到右侧的扬声器。

图 D-5 描述了本书前面的按键电路。

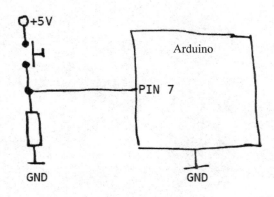

图D-5　一个按键连接到Arduino的数字输入

你可以看到这里 Arduino 已经被简化为一个带有引脚和 GND 的盒子，因为对于这个特定的电路来说，这些是关于 Arduino 的唯一重要信息。你还可以看到图中的两条导线连接到标签 GND，这意味着它们是连接到一起的。通过标签将导线连在一起非常有用，尤其是连接比较多的点（如 GND），或是那种从原理图的一侧穿过很多其他的导线或元器件连接到最远端另一侧的情况。

第 8 章中有很多原理图的实际例子，在"8.4 电路原理图"这节中也介绍了一些原理图的细节。